U0094564

6G
新技术 新网络 新通信

李 贝◎编著

6G
New Technology
New Network
New Communication

人民邮电出版社
北 京

图书在版编目（ＣＩＰ）数据

6G新技术　新网络　新通信 / 李贝编著. -- 北京：
人民邮电出版社，2024.1（2024.3重印）
ISBN 978-7-115-62540-3

Ⅰ．①6… Ⅱ．①李… Ⅲ．①第六代无线电通信系统
Ⅳ．①TN929.59

中国国家版本馆CIP数据核字(2023)第171146号

内 容 提 要

本书分为 5 个部分，共 10 章，首先，系统地介绍移动通信发展进程；其次，立足现已公开的相关技术，介绍 6G 的基本概念、应用场景、全球 6G 发展进程；接着，介绍 6G 的特征和指标；然后，介绍 6G 空口设计、网络架构设计、产业链设计的潜在技术；最后，分析 6G 发展过程中可能面临的问题和挑战。

本书从电信运营从业人员的角度出发，试图呈现 6G 通信知识全貌。本书适合电信运营商、通信设备商、手机制造商、电信咨询行业、相关科研院所等的专业技术人员，高等院校通信或电子信息相关专业的师生，以及想了解 6G 知识的读者阅读。

◆ 编　著　李　贝
　　责任编辑　韦　毅
　　责任印制　李　东　焦志炜
◆ 人民邮电出版社出版发行　　北京市丰台区成寿寺路 11 号
　　邮编　100164　　电子邮件　315@ptpress.com.cn
　　网址　https://www.ptpress.com.cn
　　北京天宇星印刷厂印刷
◆ 开本：700×1000　1/16
　　印张：12.75　　　　　　　　　　2024 年 1 月第 1 版
　　字数：179 千字　　　　　　　　2024 年 3 月北京第 2 次印刷

定价：79.80 元

读者服务热线：**(010)81055552**　印装质量热线：**(010)81055316**
反盗版热线：**(010)81055315**
广告经营许可证：京东市监广登字 20170147 号

序一

移动通信技术在近几十年中飞速发展，目前新空口、新车联等新应用和云手机、裸眼 3D 等新终端大量涌现，新业态层出不穷。随着 5G 应用的发展，6G 也迎来了研发加速的时间点，目前很多国家都在积极推进 6G 的研发。

作为新一代信息通信技术演进升级的方向，6G 将实现人类世界、物理世界、数字世界的无缝融合，具有广阔的应用前景，如用于工业制造、智慧城市、医疗保健、自动驾驶、远程教育、虚拟现实等领域。6G 是未来经济社会的数字化、智能化、绿色化转型的重要驱动力。

6G 的研发和应用需要全球合作，中国在其中将扮演重要的角色。2021 年 3 月，我国的"十四五"规划中提出前瞻布局 6G 网络技术储备。2021 年 11 月，工业和信息化部在《"十四五"信息通信行业发展规划》中也提出开展 6G 基础理论及关键技术的研发；2023 年 1 月，更进一步提出了全面推进 6G 技术研发的目标；2023 年 5 月，发布新版《中华人民共和国无线电频率划分规定》，在全球率先将 6 GHz 频段划分用于 5G/6G 系统。

祝贺李贝的新书出版。面对 6G 发展的机遇和挑战，中国的信息通信界同人们，请做好准备，"撸起袖子加油干"，为祖国信息通信的发展添砖加瓦。

浙江凡双科技股份有限公司董事长　舒晓军

2023 年 6 月

序二

当接到为《6G 新技术 新网络 新通信》作序的邀请时，我感慨万千，依稀记得老家安装第一部座机时心中的好奇，第一次使用电话卡给朋友拨打电话时的"分秒必争"，以及自己拥有第一部手机时的喜悦。

中国的电信事业，起源于一部安装在旧木箱里的不完整的电台。"半部电台"是历史的见证者，更是红军战士艰苦奋斗、不畏牺牲的精神寄托，它承载的精神在新时代依然熠熠生辉。

如今，移动网络实现了 5G 引领，使我们站在新的历史起点上，展望信息通信业的演进之路。如果说 5G 打通了平面世界中的"万物互联"，那么 6G 即将打造立体世界的"万物智联"，进一步推动社会的美好发展。

《6G 新技术 新网络 新通信》从多方面阐述 6G 相关知识，对了解信息通信技术的发展非常有帮助，希望这本书能够受到大家的欢迎。信息通信业陪伴我们成长，我们见证了祖国的发展与强大。希望更多人了解 6G，为信息通信业的发展贡献自己的一份力量。

杭州中威电子股份有限公司副总经理　史故臣

2023 年 6 月

前言

移动通信的发展从 1G 的语音、2G 的语音和文本，到 3G 的多媒体、4G 的移动互联网，再到 5G 的场景连接，通信技术"滚滚前行"、不断创新。5G 带来了新的功能、更好的服务质量（Quality of Service，QoS）、更好的用户体验。但同时，新的业务需求的快速增长给 5G 的网络能力带来了巨大挑战，因此具有新功能特性的 6G 应运而生。5G 在世界范围内逐渐商用，业务范围和生态圈基本成熟，需要我们前瞻未来信息社会的通信需求，展开对 6G 概念与技术的研究。

6G 网络基于现有的网络技术，在无线连接方面将实现巨大的提升，又将运用新技术实现服务和业务的拓展。6G 时代可以真正实现全域化覆盖，实现设备间的自由互通，6G 将推动社会真正进入"万物智联"时代。

2019 年 6 月，我国工业和信息化部会同国家发展和改革委员会、科学技术部指导产业界成立了 IMT-2030（6G）推进组。2019 年 11 月，我国成立了国家 6G 技术研发推进工作组和国家 6G 技术研发总体专家组。2020 年 2 月，在瑞士日内瓦召开的第 34 次国际电信联盟无线电通信部门 5D 工作组（ITU-R WP5D）会议上，面向 2030 及 6G 的研究工作正式启动。2021 年 6 月，IMT-2030（6G）推进组正式发布《6G 总体愿景与潜在关键技术白皮书》，提出 3GPP 国际标准组织将于 2025 年后启动 6G 国际技术标准研制，大约在 2030 年实现 6G 商用。"6G"成为当今关注的焦点和热搜关键词之一。

本书回溯移动通信的发展进程，探讨 6G 应用场景、网络特征和潜在技术等，尝试绘制 6G 的整体框架。我希望与信息通信领域的广大技术人员共同探讨 6G 的发展，为后续 6G 的研究、探索提供借鉴和指引。

感谢东南大学王东明教授对第 6、7 章内容的指导，中兴通讯股份有限公司赵欣老师对第 6、7 章提出宝贵意见，兄长刘咏华、浙江理工大学科技与艺术学院周小黎老师对第 2 章提出宝贵意见。

本书部分研究内容受到国家重点研发计划"物联网新型基础设施领域国际标准研制"（项目编号 2022YFF0610300）的技术支持，在此特别表示感谢。

由于 6G 研究和标准化工作正在不断深入，在撰写过程中，我参考了大量学术界和产业界的成果，在此对参考文献的作者表示衷心的感谢，万一有遗漏，敬请谅解和告知。对阐述不够深入的地方，读者可以参阅具体的参考文献内容，以获得更全面、更准确、更深入的认知。

总而言之，1G 到 5G 技术迭代发展，6G 将实现多领域的创新发展，我国踊跃参与到 6G 发展进程中，积极贡献力量。鉴于我个人水平有限，且 6G 发展日新月异，本书可能存在疏漏及不足之处，恳请读者提出宝贵意见，可发送至电子邮箱 wsyb2004@163.com。

李贝

2023 年 6 月

C O N T E N T S

目录

第四部分　**6G 设计的潜在技术**

第一部分

·移动通信发展进程·

■

从 1G 的语音到 5G 的多样化场景应用，移动通信技术经历了数十年的发展历程。目前，5G 大力发展，6G 方兴未艾。5G 目前发展到什么阶段？有哪些先进的通信技术（Communication Technology，CT）问世并且正在改变人们的生活？

了解这些才能更好地理解后面各章中关于 6G 的内容。本书的第一部分带领大家一探究竟。

第 1 章 移动通信技术的发展和挑战

 1.1 移动通信技术的发展进程

先介绍几个概念。有线通信是指将电线或者光缆作为通信介质的通信形式。无线通信是指节点间不经由线缆进行信号传输的通信形式。按传输设施类型，无线通信可分为无线移动通信和无线局域网（Wireless Local Area Network，WLAN）通信。无线移动通信需要公共基础通信设施，使用分组无线电、蜂窝网络和卫星站等来传输信号。WLAN 通信则采用所有权归属于某家庭或单位的发射设备和接收设备来传输信号。

无线通信与有线通信相辅相成，共同推动通信技术的发展，二者关联如图 1-1 所示。

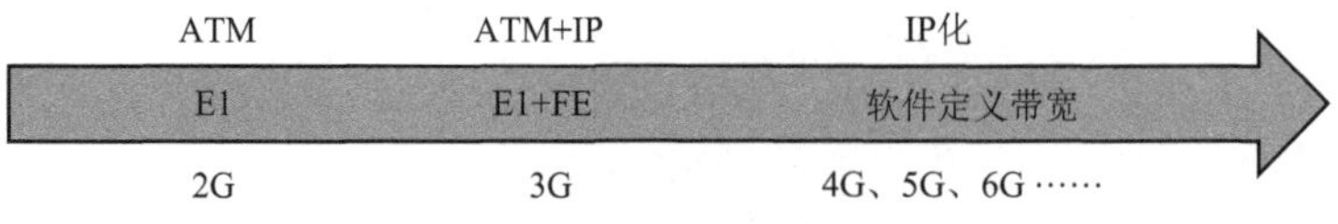

ATM	ATM+IP	IP化
E1	E1+FE	软件定义带宽
2G	3G	4G、5G、6G……

图 1-1　无线通信与有线通信相辅相成

异步转移模式（Asynchronous Transfer Mode，ATM）是一种数据传输技术，在采用此技术进行数据通信时，首先将传输数据分为固定长度的数据，然后建立虚电路（虚信道和虚通道），实现高速信息交换，主要用于有线通信。ATM 技术适用于局域网和广域网。IP 是一种网络层协议。IP 技术可以用于保证不同网络的互通。IP 网络是基于传输控制协议 / 互联网协议（Transmission Control Protocol/ Internet Protocol，TCP/IP）的分组网。E1 是指欧洲的 30 路脉冲编码调制（Pulse-Code Modulation，PCM）标准，速率为 2.048 Mbit/s，采用 E1 标准的线路简称 2M 线。快速以太网（Fast Ethernet，FE）是通常所说的百兆网，即 100 Mbit/s 网络。IP 化指话音、数据等各种业务均承载在 IP 网络上进行传输。软件定义带宽是指通过软件定义网络（Software Defined Network，SDN）技术实现带宽的灵活配置。

第二代移动通信技术（2nd Generation Mobile Communication Technology，2G）、第三代移动通信技术（3rd Generation Mobile Communication Technology，3G）等是无线移动通信技术，简称移动通信技术。

1968 年，在消费电子展上，摩托罗拉公司推出了第一代商用移动电话的原型，之后美国贝尔实验室发明了高级移动电话系统（Advanced Mobile Phone System，AMPS），接着提出了改进技术，即全接入网通信系统（Total Access Communication System，TACS），之后全球相继研发蜂窝式移动通信网并实现应用。早期的移动通信技术称为 1G，属于模拟通信方式，采用频分多址（Frequency-Division Multiple Access，FDMA）方式、30 kHz 带宽，以及频移键控（Frequency-Shift Keying，FSK）、调频（Frequency Modulation，FM）的调制方式，实现语音应用。这是通信历史上的重大突破，从此移动通信开始飞速发展。

2G 采用数字信号传输，它采用时分多址（Time-Division Multiple Access，TDMA）和码分多址（Code-Division Multiple Access，CDMA）、200 kHz 带宽，以及高斯最小频移键控（Gaussian Minimum frequency-Shift Keying，GMSK）调制方式，实现语音、短信和少量数据业务的应用。2G 主要提供话音和低速数据的传输业务，它包括全球移动通信系统（Global System for Mobile communications，GSM）等。相对于 1G，2G 频谱利用率得到提高。2G 支持多种业务服务，可以与综合业务数字网（Integrated Services Digital Network，

ISDN）等兼容，其标准体制较为完善、技术相对成熟。但 2G 较 1G 的不足在于相对于模拟系统，其容量增加不多，无法和模拟系统兼容，而且 2G 在有效性与可靠性方面存在不足，对数据的加密程度较弱，对通信信息的保密能力不强，信息容易被攻击者监听。2G 中的 GSM 发源于欧洲，支持 64 kbit/s 的数据传输速率，可与 ISDN 互连。采用 GSM 标准的有 GSM900 和 DCS1800 等系统。以DCS1800 为例，它指的是使用 1800 MHz 频带的数字蜂窝系统（Digital Cellular System），采用频分双工（Frequency-Division Duplex，FDD）方式，每载频支持8 个信道，信号带宽为 200 kHz。

1985 年，国际电信联盟（International Telecommunication Union，ITU）提出了 3G 标准，它以 CDMA 为核心技术，以移动宽带多媒体通信为目标，工作频带为 2000 MHz，最高业务速率可达 2000 kbit/s。CDMA 从技术上主要分为CDMA2000、宽带码分多址（Wideband CDMA，WCDMA）和时分同步码分多址（Time-Division Synchronous CDMA，TD-SCDMA）技术。CDMA2000 采用直接序列扩频 CDMA 和 FDD 方式，在 EV-DO Rev A 版本中，可以在 1.25 MHz的频带内提供高达 3.1 Mbit/s 的下行数据传输速率。WCDMA 也采用直接序列扩频 CDMA 和 FDD 方式，以 R99/R4 为基础版本，在扩展版本 R5、R6 中，可以5 MHz 的频带提供高达 21 Mbit/s 的用户数据传输速率。TD-SCDMA 采用时分双工（Time-Division Duplex，TDD）与 FDMA、TDMA、CDMA、空分多址（Space-Division Multiple Access，SDMA）相结合的技术，以 R4 为基础版本，可以1.6 MHz 的频带提供高达 384 kbit/s 的用户数据传输速率。3G 采用 CDMA、TDMA、FDMA 等方式，最大支持 5 MHz 频带，支持更高阶的、包含 16 种符号的正交调幅（Quadrature Amplitude Modulation，QAM）方式，采用自适应调制编码（Adaptive Modulation and Coding，AMC）、混合自动重传请求（Hybrid Automatic Repeat reQuest，HARQ）等技术，可以传输较多的数据业务。3G 传输速率高，支持多媒体业务，对于如室内、室外等不同的通信环境，传输速率能够实现按需分配。在有效性与可靠性方面，3G 的加密保护和抗干扰能力表现优异，与 2G 相比有了显著的提升。

长期演进技术（Long Term Evolution，LTE）是 3G 到第四代移动通信技术（4th Generation Mobile Communication Technology，4G）的过渡。2012 年 1 月，ITU 确立了 LTE、LTE-Advanced、WiMAX 及 Wireless MAN-Advanced（IEEE 802.16m）这 4 种 4G（IMT-Advanced）标准。4G 采用正交频分复用（Orthogonal Frequency-Division Multiplexing，OFDM）结合多输入多输出（Multiple-Input Multiple-Output，MIMO）的多址方式，最大支持 20 MHz 带宽，支持更高阶的 64QAM 的方式，采用载波聚合（Carrier Aggregation，CA）、三维 MIMO（3D MIMO）、包含 256 种符号的 QAM（256QAM）等技术，进行更多数据业务的传输，取消了电路交换（Circuit Switching，CS）域应用。LTE 通信方式灵活多变，采用软件无线电技术，通过软件应用和更新，即可实现多种终端通信。

随着数字化、全球化趋势越发明显，对移动通信的需求也不断提高，移动通信需要更高的通信速率和可靠的通信能力，因此出现了第五代移动通信技术（5th Generation Mobile Communication Technology，5G），5G 新空口（New Radio，NR）采用滤波正交频分复用（Filtered-Orthogonal Frequency-Division Multiplexing，F-OFDM），最大支持 400 MHz 带宽，支持更高阶的 256QAM 的方式，使用自包含帧、大规模多输入多输出无线阵列（Massive MIMO）等技术，支持大规模机器类通信（massive Machine Type Communication，mMTC，也称大连接物联网）、增强型移动宽带（enhanced Mobile Broadband，eMBB）、超可靠低时延通信（Ultra-Reliable and Low-Latency Communication，URLLC）三大场景应用。5G 带来更好的用户体验、更高的网络平均传输速率和更低的传输时延，并且使用更高频段的频谱。

综上所述，移动通信系统的典型特征演进历程如图 1-2 所示，其中 R99、R7、R8、R14、R15、R17 指不同技术对应的第三代合作伙伴计划（3rd

Generation Partnership Project，3GPP）协议版本号。1G 发展到 2G，实现了从模拟电路到数字电路的变迁；2G 发展到 3G，实现了从语音通信到数据通信的飞跃；4G 将互联网等技术用于移动通信，大大提高了带宽的使用率；4G 发展到 5G，实现了固定网络和移动网络的融合。移动通信技术从 1G 到 5G，不断发展，多址方式越来越多，调制方式逐步演进，信道带宽不断增长，采用的技术"百花齐放"，主要应用丰富多彩，网络融合不断发展，第六代移动通信技术（6th Generation Mobile Communication Technology，6G）的到来更是让人充满期待。

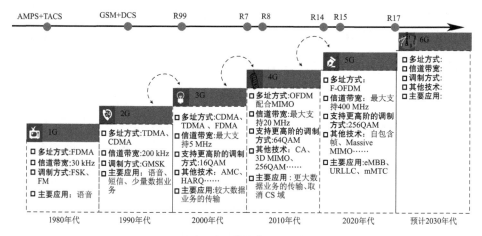

图 1-2　移动通信系统的典型特征演进历程

⒈2 5G 面临的挑战

　　5G 网络拥有传输速率快、时延低、容量大等优势。随着新业务类型和需求的发展，面向企业（to Business，2B）和面向用户（to Customer，2C）通信场景丰富多样，覆盖、业务、应用、生态等方面都对移动通信网络的带宽和容量提出了更高的需求，5G 面临巨大挑战，如图 1-3 所示。

图 1-3 5G 面临的挑战

1.2.1 覆盖发展

5G 在满足个人用户信息消费、社会行业应用的广泛需求的前提下,实现了移动通信网络向产业型应用的升级,但 5G 的通信对象集中在以地面网络为代表的有限空间范围内,在信息交互方面存在空间范围受限的问题,例如在沙漠、无人区等无基站覆盖的区域形成通信盲区,又如传输带宽、连接数密度等性能指标难以满足某些垂直行业(如工业、交通、医疗等使用 5G 的行业,以及与通信行业存在交叉点的行业)应用的不足,再如大规模机器人的使用等需要更高的传输带宽、更高的连接数密度、更低的端到端时延等。

1.2.2 业务发展

5G 时代,电信运营商作为数字化服务商,在 2B、2C 方面提供了多元服务范式,例如企业对企业(Business to Business,B2B)、企业对用户(Business to Customer,B2C)等,如图 1-4 所示。

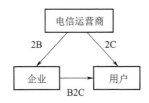

图 1-4 电信运营商的多元服务范式

随着 5G 网络建设的全面开展,5G 对社会和生产所带来的改变将越来越大,用户的需求不断丰富，将促进移动通信网络向前发展。

在 2C 方面，5G 的商业模式从单一流量经营转向多维价值经营。5G 的大流量为电信运营商提供了更大的商业价值，切片、高速率、低时延等则为电信运营商提供了综合性价值经营增长点。6G 时代，丰富的业务应用将给消费者的体验带来巨大变化，例如自然逼真的视觉还原实现人、物及其周边环境的三维动态交互等业务需求融入日常应用，可以带来更具情境感知的体验。

在 2B 方面，5G 的 mMTC、eMBB、URLLC 三大场景赋能垂直行业，新型业务场景不断出现，对网络提出了更高、更多的需求。例如，快递物流的大规模机器人、无人驾驶飞行器（Unmanned Aerial Vehicle，UAV，简称无人机）的使用等需要更高的传输带宽、更高的连接数密度、更低的端到端时延、更高的可靠性和确定性，以及更智能化的网络特性。随着传感器技术和物联网（Internet of Things，IoT）应用的不断演进，每平方米连接的设备数量不断增加，现有网络技术难以满足更多连接设备接入网络的需求。另外，2B 业务对数据安全性、服务可靠性普遍有较高的要求。这些需求使得移动通信网络与垂直行业的融合应用得以快速推进和持续发展。因此，在 2B 通信场景下，5G 赋能千行百业，万物互联，将为电信运营商增收提供新的来源。

由此，移动通信网络不断演进，网络性能不断升级、优化、健壮，成就了更优秀的网络能力。

1.2.3　应用发展

5G 网络大力拓展了应用场景，网络成为人与人交流、人与物交互、物与物互联等的强大媒介。5G 时代，2C 模式在满足基本的移动通信和固网宽带业务需求以外，重视带宽和上网速率；2B 模式则主要以物与机器为服务对象，企业用户对带宽、连接数量、时延等网络质量要求更高。网络即服务（Network as a Service，NaaS）指用户通过虚拟的网络层，使应用和服务摆脱底层硬件的束缚，从而获得快捷、廉价的网络服务。随着行业用户需求的丰富化、个性化，电信运营商 2B 业务正逐渐采用 NaaS 模式，且不断构建多元化合作生态，以最大化释放 5G 的网络能力。

1.2.4　生态发展

目前，跨领域新技术层出不穷，扩展了未来网络相关技术的范畴，多种技术的融合不断推动移动通信网络向前演进，催生了对未来网络发展的新期待。以交叉科学为例，交叉科学是多个学科的融合，在未来网络发展中，在通信技术以外，还需要人工智能、数学等学科融合，助力通信发展。以通信技术为例，目前基于通信技术的、以人工智能（Artificial Intelligence，AI）技术为核心的节能控制策略生成方法等，陆续在电信运营商网络能耗控制中应用，赋能人工智能等学科，带来行业与社会发展的变革。

网络侧，信息技术（Information Technology，IT）与通信技术（CT）不断融合，促进新技术应用于移动网络。高速互联技术等极大地增强了计算能力，其他如确定性网络等网络技术的普及和突破，将为移动网络的融合演进提供持续动力。同时，区块链（Blockchain）、数字孪生（Digital Twin，DT）等新技术的涌现，为移动网络带来更好的性能改善。

空口侧，极致速率连接的高频通信技术需要丰富的频谱资源，从而实现空天地海一体化网络（Air-Space-Ground-Ocean Integrated Network，ASGO-IN）通信，以及主动智能地调控无线传播信道资源等。

终端侧，新型材料、传感器及电池制造等技术不断成熟，推动终端向绿色安全、更大容量、更小形态等方向融合演进。随着全息成像类等技术的发展，新型全息类、扩展现实（Extended Reality，XR）类移动业务等的应用得以实现，并推动移动业务及移动网络不断演进。

1.3 未来网络的需求

多样化的通信场景对未来网络提出了更多的业务需求，通信带宽、通信子载波个数、通信资源块分配方案等都需要满足这些需求。未来网络演进需考虑图1-5所示的未来网络需求。

覆盖范围更广	连接数量更多	"双碳"实践	算力更强
关注用户隐私保护	需求丰富多样	人工智能与多项技术、行业应用不断融合	元宇宙等虚拟技术丰富

图1-5 未来网络需求

1. 覆盖范围更广

目前，全球居民收入存在明显差距，老龄化程度进一步加深，人口出生呈现区域不均的趋势。通信技术以直播带货等方式为契机，推进了人力资本提升和人力配置优化。当下，我国正全面推进乡村振兴，加快农业农村现代化，这也推动了区域发展的现代化进程。因此，未来网络应该覆盖全球、普惠全域，利用卫星通信、无人机通信、地面通信和海上通信等，实现空天地海一体化的全域网络覆盖。

2. 连接数量更多

对人与人、人与物、物与物的连接数量的需求不断增加，在多种应用场景下，需要未来网络承担更多连接设备的接入。

3. "双碳"实践

气候变化是跨越国界的全球性挑战。碳中和是指国家、企业、产品、活动或个人，通过植树造林、节能减排等形式，抵消自身产生的二氧化碳或温室气体排放量，达到相对"零排放"。碳达峰是指在某个时间点，二氧化碳的排放量不再增长，达到峰值，后继逐步回落。碳达峰与碳中和一起简称为"双碳"。2022年，在中共中央政治局第三十六次集体学习时，习近平总书记强调，要充分认识实现"双碳"目标的紧迫性和艰巨性，"推进产业优化升级""推动互联网、大数据、人工智能、第五代移动通信（5G）等新兴技术与绿色低碳产业深度融合"。

4. 算力更强

算力，通俗来说是计算能力，具体来说是通过对信息数据进行处理，实现目标结果输出的计算能力。越来越多的连接数量需要强大的算力支撑，需要重新定义软件和硬件，重新设计全新的网络标准接口，实现全网的算力无所不在，为各类业务以及高度智能化系统提供所需的基础设施。例如，资源的分配、卸载、缓存等都会对系统性能有影响，需要算力的支撑。

5. 关注用户隐私保护

随着大数据、物联网等的广泛应用，需要充分考虑隐私保护与系统性能之间的矛盾，探索大规模无线网络架构下的新型隐私保护方案。

6. 需求丰富多样

由于应用场景增加、用户种类增多、服务需求增多、用户对网络质量要求提高，未来网络需要实现以数字化变革为基础的虚拟化、智能化、开放化，以满足新服务的新需求。

7. 人工智能与多项技术、行业应用不断融合

智能对象可利用算网一体技术实现智能响应，即智能原生。智能原生从赋

予网络基础架构智能化，到产品、解决方案全面嵌入智能，再到助力用户智能迭代，从而助力行业进入全面智能时代。例如，通过建立智能模型等，进一步优化大规模网络中的无线机制，解决由大量信息交互引起的时延开销增大以及通信质量下降等问题，实现低时延、高吞吐量的通信；探索人工智能驱动的机器学习（Machine Learning，ML）等技术，可对解决各类关键问题提供帮助。

8. 元宇宙等虚拟技术丰富

以元宇宙为代表的虚拟技术不断发展，立足现有知识，借助新技术，构建新模型，进行高性能计算，以探索虚拟世界，成为通信行业演进的方向之一。

小结

本章描述了移动通信的发展历程。移动通信经历了从 1G 的语音、2G 的语音和文本、3G 的多媒体、4G 的移动互联网到 5G 的场景连接的发展，从原来只能传输模拟声信号到如今成为信息时代各种形式信息传播的重要基石，通过不断演进，通信能力飞速提升。不断发展的、多样的通信场景对未来网络提出更高的需求，6G 网络是发展方向，将带来社会、技术、业务等的发展、变革。

第 2 章 相关的基础知识

 2.1 通信基本原理

2.1.1 香农定理

美国数学家、电子工程师、密码学家克劳德·埃尔伍德·香农〔Claude Elwood Shannon〕提出了信息熵和三大定理。

1. 熵

德国物理学家、热力学主要奠基人鲁道夫·尤利乌斯·埃马努埃尔·克劳修斯〔Rudolf Julius Emanuel Clausius〕于 1865 年首次提出了熵的概念。熵的本质是一个系统的"内在的混乱程度"。之后，奥地利物理学家、哲学家、热力学和统计物理学的奠基人路德维希·爱德华·玻耳兹曼〔Ludwig Eduard Boltzmann〕给出了熵的统计物理学解释。

2. 香农第一定理

香农第一定理又称为可变长无失真信源编码定理。记离散无记忆信源 S 的信源熵为 $H(S)$，它的 N 次扩展信源 $S^N=\{s_1, s_2, \cdots, s_{q^N}\}$ 的熵为 $H(S^N)$，并用码符号 $X=\{x_1, x_2, \cdots, x_r\}$ 对信源 S^N 进行编码，总可以找到一种唯一可译码，使信源 S

中每个信源符号所需要的平均码长满足式（2-1）：

$$\frac{H(S)}{\log_2 r} \leq \frac{\overline{L_N}}{N} < \frac{H(S)}{\log_2 r} + \frac{1}{N} \tag{2-1}$$

其中，$\frac{1}{N}$ 为任意小正数。$\frac{\overline{L_N}}{N} \times \log_2 r$ 是编码后的每个信源符号所携带的平均信息量。

通过对 N 次扩展信源进行变长编码，即当 $N \to \infty$ 时，编码信息量和信息熵极限值 $H_r(S)$ 的关系见式（2-2），即此时平均码长 $\frac{\overline{L_N}}{N}$ 可以达到 $H_r(S)$ 这个极限值。

$$H_r(S) = \lim_{N \to \infty} \frac{\overline{L_N}}{N} \times \log_2 r \tag{2-2}$$

香农第一定理表明，压缩数据使编码率（每个符号的比特的平均数）任意接近香农熵但不可能比信源的香农熵还小；信源符号转化为新的、尽可能服从等概率分布的码符号后，可以实现用尽可能少的码符号携带尽可能大的信息量。

3. 香农第二定理

香农第二定理又称为有噪信道编码定理。设某信道有 r 个输入符号、s 个输出符号，当信道的信息传输率 $R < C$（C 是信道支持的最高传输速率，又叫信道容量），码长 n 足够长时，可以在输入的集合（含有 r^n 个长度为 n 的码符号序列）中找到 M 个码字，来获得信道输出端任意小的最小平均错误译码概率 P_{min}。注意 $M \leq 2^{n(C-a)}$，a 为任意小的正数，C 满足式（2-3）。

$$C = B \times \log_2(1 + S/N) \tag{2-3}$$

其中，B 是信道的带宽，S 是信号平均功率，N 是噪声平均功率。

下面详细解释几个名词。

（1）信道容量

信道容量指信道支持传输的最高平均信息速率。信道分为连续信道和离散信道两类。离散信道的容量有两种不同的度量单位。一种是每个符号内能够传输的平均信息量最大值；另一种是单位时间内能够传输的平均信息量最大值。连续信道的容量也有两种不同的度量单位。这里只介绍按照单位时间计算的容量。对于带宽有限、平均功率有限的高斯白噪声连续信道，信道容量可以用式（2-3）表示。

（2）吞吐量

吞吐量是指某系统在单位时间内正确传输的信息量。

（3）带宽

带宽指单位时间内能够传输的比特数。数字设备中，带宽常用每秒最多可以传输的比特数表示（单位为 bit/s）。模拟设备中，带宽常用每秒传输的信号周期数表示（单位为 Hz）。带宽常用的计算方法为：带宽 = 时钟频率 × 总线位数 /8。

（4）信噪比

信噪比是系统中信号与噪声的比值。信号是指来自设备外部需要通过设备进行处理的电子信号。噪声是指经过设备后产生的原信号中并不存在的、无规则的额外信号，噪声与环境、具体测量带宽和接收机噪声系数等有关，不随原信号的变化而变化。信噪比（Signal-to-Noise Ratio，SNR）用式（2-4）来表示，单位为分贝（dB）。

$$SNR=10 \times \lg (S/N) \qquad (2-4)$$

信噪比是衡量通信系统通信可靠性的一个主要技术指标，信噪比越大，在接收到的有用信号的强度一定的情况下，说明信号中携带的噪声信号越少，对信号传输的影响越小。

例 2-1：若通过一个信噪比为 20 dB、带宽为 3 kHz 的信道传输数字数据，根据香农公式［见式（2-3）］可得信道容量 $C=3000 \times 6.66=19.98$（kbit/s），要实现无差错传输，则该信道的传输速率不应超过 19.98 kbit/s。

（5）信号与干扰加噪声比

信号与干扰加噪声比（Signal to Interference Plus Noise Ratio，SINR）指接收到的有用信号的强度与接收到的干扰信号（噪声与干扰之和）的强度的比值。

SINR 通常用式（2-5）来表示。

$$SINR = Signal / (Interference + Noise) \qquad (2-5)$$

其中，Signal 代表接收到的有用信号的功率；Interference 代表测量到的干扰信号的功率，例如来自本系统其他小区的干扰的功率；Noise 代表噪声功率，噪声主要由接收机的热性能产生。

例 2-2：回顾 5G 时代，将香农第二定理与 5G 关键技术融合，C_{sum} 可用式（2-6）表示。

$$C_{sum} \Leftrightarrow \sum_{cells}\sum_{channels}B_i \times \log_2 (1+SINR) \qquad (2-6)$$

其中，cells 指小区数量，channels 指信道数量。香农第二定理中用的是 SNR 而不是 SINR，因为香农公式是基于系统中只有加性高斯噪声的假设，这是一种理想的状态，实际信道中还存在干扰，想要增加 5G 通信容量，可以根据式（2-6）中各因子采用对应的技术，说明如下。

第一，增强覆盖（增加小区）。可以采用覆盖增强技术，例如超密异构组网的设备对设备（Device-to-Device，D2D）通信 / 机器对机器（Machine-to-Machine，M2M）通信。

第二，增加信道。可以采用频谱效率提升技术，例如大规模天线、OFDM、空间调制等。频谱效率，是指系统传输的有效传输速率与信道带宽的比值。

第三，增加带宽（提高 B）。可以采用频谱拓展技术，例如毫米波通信、可见光通信。

第四，增加信号与干扰加噪声比（提高 SINR）。可以采用频谱效率提升技术，例如干扰管理。

因此，想提升 5G 网络速率，需要多址技术、用户调度、资源分配、用户 / 网络协作等方面的共同努力。

4. 香农第三定理

香农第三定理又称有损信源编码定理。设 $R(D)$ 为一离散无记忆信源的信息率失真函数，对于任意系统允许的平均失真度 $D \geqslant 0$、任意足够长的码长 n、任意小的 $a > 0$，存在一种信源编码 W，其码字个数 M 满足式（2-7），使编码后码的平均失真度 D' 不大于给定的允许失真度，即 $D' \leqslant D_o$。

$$M \geqslant \mathrm{EXP}\{n[R(D)+a]\} \qquad (2\text{-}7)$$

其中，D_o 为某一限定值，a 为任意小的正数且 $0 \leqslant a \leqslant 1$，编码后码的平均失真度函数 $D'(W)$ 满足式（2-8）。

$$D'(W) \leqslant D+a \qquad (2\text{-}8)$$

总结香农三大定理可知，香农第一定理解决通信中信源的压缩问题，香农第二定理解决在特定信道中数据能够实现最大传输速率的问题，香农第三定理解决在允许一定失真的情况下的信源编码问题。

5. 信息熵

熵的本质是一个系统的"内在的混乱程度"，而信息熵的本质是去除信息中冗余后的平均信息量。信息熵其实是信息量的期望。

设信源符号有 n 种取值，为 $U_1, \cdots, U_i, \cdots, U_n$，对应概率为 $P_1, \cdots, P_i, \cdots, P_n$，各种符号彼此独立。信源的平均不确定性是单个符号不确定性 $-\log_a P_i$ 的统计平均值，信息量的单位和对数的底 a 有关。若 $a=2$，则信息量的单位为比特（bit）；若 $a=e$，则信息量的单位为奈特（nat）；若 $a=10$，则信息量的单位为哈特莱（Hartley）。通常广泛使用以 2 为底、单位为比特，也可以取其他对数的底，采用其他对应的单位，它们之间可以换算。信息熵常用式（2-9）表示，式中，一般对数以 2 为底、单位为 bit/ 符号。也可以取其他对数的底，采用其他相应的单位，它们之间可以换算。

$$H=-\sum_{i=1}^{n} P_i \log_2 P_i \qquad (2\text{-}9)$$

例2-3： 假设用户 A 作为一个"信源"给家人传达两种关于可能性的信息，第一种是不加班，其概率为 0.9；第二种是加班，其概率是 0.1，不加班的信息量为 0.152 bit、加班的信息量为 3.32 bit，此时该信源的信息熵见式（2-10）。

$$H_1=0.152 \times 0.9+3.32 \times 0.1=0.4688（\text{bit/符号}） \qquad （2\text{-}10）$$

如果用户 B 作为一个"信源"也传达两种关于可能性的信息，加班、不加班的概率均为 0.5，则信息熵见式（2-11）。

$$H_2=-2 \times 0.5 \times \log_2 0.5=1（\text{bit/符号}） \qquad （2\text{-}11）$$

用户 B 的信息熵大于用户 A 的信息熵，说明用户 B 的不确定性更高，他的家人完全不确定他到底要不要加班。

2.1.2　奈奎斯特定理

首先回顾一下波特率（Baud rate）、比特率（bit rate）、带宽（bandwidth）、容量（capacity）的概念。

在信息传输通道中，码元表示携带数据信息的信号单元，码元传输速率表示每秒通过信道的码元数，每秒传送 1 个码元称为 1 波特（Baud）。波特率是衡量数据传送速率的指标，它用单位时间内载波调制状态改变的次数来表示。因此，波特率又叫信息传送速率、符号速率、码元传输速率、传码率，常用单位为 Baud。

例2-4： 一个数字脉冲就是一个码元，用码元传输速率表示单位时间内信号波形的变换次数，若信号码元宽度为 T（s），则码元传输速率 B 为 $1/T$（Baud）。

比特率表示单位时间内可以传输的比特数，因此比特率又叫数据传输速率，单位为 bit/s，它与波特率的关系见式（2-12）。

$$\text{比特率} = \text{波特率} \times \text{每符号包含的比特数} \qquad （2\text{-}12）$$

带宽是信道的最高的信号频率和最低的信号频率的差值，只有在这两个频率之间的信号才能通过这个信道，带宽的单位是赫兹（Hz）。数据在信道中传输会有其速率（比特率），此时最高的比特率是该信道的容量，单位是 bit/s。

（1）奈奎斯特采样定理

哈里·奈奎斯特（Harry Nyquist）提出了奈奎斯特采样定理，即采样率 f_s 必须大于等于被测信号中最高频率分量 f_N 的两倍，见式（2-13）。

$$f_s \geqslant 2 \times f_N \qquad (2\text{-}13)$$

（2）奈奎斯特第一准则

理想低通信道的带宽为 B（单位为 Hz），最高传输速率 C（波特率）见式（2-14）。

$$C = 2 \times B \qquad (2\text{-}14)$$

理想带通信道的最高传输速率 C 见式（2-15）。

$$C = 1 \times B \qquad (2\text{-}15)$$

由式（2-14）和式（2-15）可知，每赫兹带宽的理想低通 / 带通信道的最高传输速率是每秒 2 码元 / 每秒 1 码元。

总之，奈奎斯特定理可以用式（2-16）表示，1/（1+a）为频带利用率，a 为滤波器的滚降系数。

$$C = B \times (1+a) \qquad (2\text{-}16)$$

其中，a 代表系统幅 – 频特性曲线的缓慢变化程度，它影响着频谱效率，a 越小，频谱效率就越高，但 a 过小时，升余弦滚降滤波器的设计和实现较困难，同时对定时信息的要求非常严格，如定位不准确，则会产生符号间干扰。在实际应用中，一般取 $0.15 \leqslant a \leqslant 0.5$ 来化解频带利用率和波形要求之间的矛盾。

如果被传输的信号包含 M 个状态值，带宽为 B（Hz）的信道的最高传输速率见式（2-17）。

$$C = 2 \times B \times \log_2 M \qquad (2\text{-}17)$$

例 2-5： 一个无噪声的、带宽为 3000 Hz 的信道，若采用 8 电平传输，则该信道可允许的最高数据传输速率为 18 kbit/s。

例 2-6： WCDMA 的码片速率为 3.84 Mbit/s，若采用 16QAM 方式，最高的数据传输速率为 3.84 Mbit/s×4，即 15.36 Mbit/s，若想得到更高的速率，则要采用高阶的调制方式。

综上所述，奈奎斯特定理告诉我们如下几点。

第一，码元传输速率有限定值，当传输速率超过上限，会出现严重的码间干扰。

第二，信道的带宽越宽，就可以用越高的速率进行有效的码元传输。

第三，码元传输速率有限定值，但信息传输速率暂无限制。每个码元尽可能携带更多比特的信号来提高数据的传输速率。对于一定的信道带宽，增加不同信号单元的数量可以提高数据传输速率，但因为接收端每接收一个码元，必须从 M 个可能的信号中选出一个，所以这会增加接收端的负担。

注意，我们通常说带宽是指理论上最高可达到的数据传输速率，数据传输速率是指实际传输速率，实际传输速率与最高数据传输速率之间的关系满足香农公式。对于非理想信道，则可根据上述香农定理，由式（2-3）计算得出最高数据传输速率。

2.1.3 载波、帧、时隙、符号、子载波间隔

载波是一种在频率、幅度或相位方面被调制，以传输文本、音频、图像或其他信号的特定频率的无线电波。

帧是按某一标准预先确定的由若干比特或字段组成的特定的信息结构。

时隙是时域上数据调度的最小单位。

以 5G 网络为例，新空口的系统参数关系如图 2-1 所示。时域内，无线帧包含多个子帧，子帧包含多个时隙。时隙是时域的基本调度单位，时隙包含多个符号，符号由循环前缀（Cyclic Prefix，CP）和数据组成，其中数据的长度是子载波间隔（SCS）的倒数。频域内，SCS 是新空口频域的最小单位，部分带宽（Band Width Part，BWP）的作用是网络侧配置给终端（UE）的一段连续的带宽资源，可实现网络和终端的灵活传输带宽配置。资源块（Resource Block，RB）是数据信道资源分配频率基本调度单位，资源块组（Resource Block Group，RBG）是物理资源块的

集合，SCS 确定符号的长度和时隙的长度。空域上，码字（Code Word）的作用是通过 MIMO 发送多路数据，实现空间复用。层（Layer）的作用是将码字流映射到不同的发射天线上，天线端口（Antenna Port）是用于传输的逻辑端口。

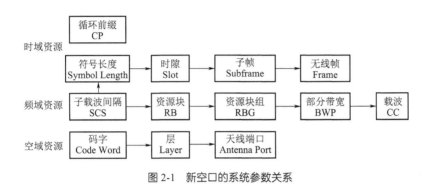

图 2-1　新空口的系统参数关系

2.1.4　复用、双工、多址接入

下面分别介绍复用、双工、多址接入。复用针对资源，双工针对频率，多址接入（Multiple Access，MA）针对用户。

复用是指将若干个彼此独立的信号，合成一个可以在同一个信道上同时传输的信号的方法。复用可以分为频分复用（Frequency-Division Multiplexing，FDM）、时分复用（Time-Division Multiplexing，TDM）、码分复用（Code-division Multiplexing，CDM）、波分复用（Wavelength Division Multiplexing，WDM）等。FDM 是指不同用户分别用不同频段同时与基站通信，TDM 是指不同用户使用不同时隙进行通信，CDM 是指不同用户在不同的编码方式下实现通信，WDM 是指在发送端经复用器将两种及以上不同波长的光载波信号汇合在一起，并耦合到光线路的同一根光纤中进行通信。

对于点对点之间的通信，按照信息传送的方向与时间的关系，通信方式可以分为单工通信、半双工通信和全双工通信。这里重点介绍全双工通信。全双工通信指通信双方可以同时发送和接收数据。全双工主要分两种，如图 2-2 和图 2-3

所示，时分双工的上下行频率相同，可用于任何频段，适用于上下行非对称及对称业务。频分双工的上下行频率配对，需要成对频段，适用于上下行对称业务。

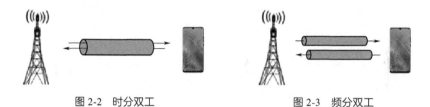

图 2-2　时分双工　　　　　　　　　　　　图 2-3　频分双工

多址接入是处于不同地点的多个用户接入一个公共传输媒介，以实现各用户间通信，分为正交多址接入（Orthogonal Multiple Access，OMA）和非正交多址接入（Non-Orthogonal Multiple Access，NOMA）。OMA 的方式分为频分多址（FDMA）、时分多址（TDMA）、码分多址（CDMA）、空分多址（SDMA），进一步衍生出正交频分多址（Orthogonal FDMA，OFDMA）等技术。图 2-4 给出了正交多址接入方式的示意，阐述如下。

FDMA 允许用户使用不同频段同时进行传输。

TDMA 允许多个用户在不同的时隙中使用相同的频率。每个用户使用自己的时隙进行传输，允许多用户共享同样的传输介质。

CDMA 的特点是发送信号由不同的、相互正交的扩频码调制所得，接收端基于码型正交性，利用相关检测从混合信号中选出相应的信号。

SDMA 通过标记不同方位、相同频率的天线光束来进行频率复用。

OFDMA 将 OFDM 和 FDMA 技术相结合，将传输带宽分成正交的子载波集，不同的子载波集对应不同的用户。

NOMA 在非正交多址系统中引入极化编码，第 7 章将详细阐述该技术。

2.1.5　调制、编码

受限于传输介质及其格式，传输的信号需要经过处理才能准确无误地传送到接收端。

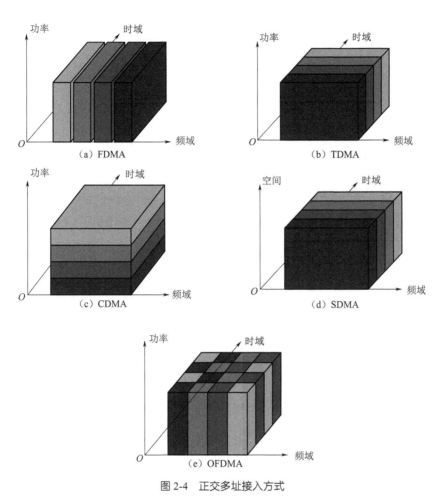

图 2-4 正交多址接入方式

　　传输通道主要分为模拟信道和数字信道。上述信道一般分别用于传输模拟信号、数字信号，但也可能需要用数字信道传输模拟信号或用模拟信道传输数字信号，这时就需要先进行数据转换以满足信道传输要求，于是出现了调制与编码。调制是指用调制信号改变载波的某些参量，使之随信号的变化而变化。按照载波是连续波还是数字脉冲，调制方式分为连续波调制和脉冲调制。连续波调制用正弦波或余弦波作为载波，脉冲调制用数字脉冲作为载波。连续波调制分为模拟调制和数字调制。简言之，调制是指用模拟信号承载数字或模拟数据，编码是指用数字信号承载数字或模拟数据。图 2-5 给出了调制与编码的关系。

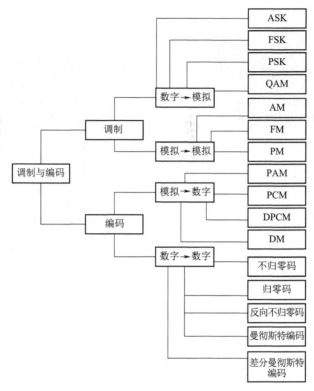

图 2-5　调制与编码的关系

模拟调制按照正弦波受调参量分为调幅（Amplitude Modulation，AM）、调频（FM）及调相（Phase Modulation，PM）。

模拟调制是对信号源的编码信息进行处理，使其变为适合信道传输的形式的过程，即把基带信号转变为相对基带频率而言频率非常高的带通信号，以便于远距离传输。通常信号 $u(t)$ 可由正弦信号（余弦信号和正弦信号在相位上相差 $\pi/2$，通常也可视作正弦信号）来表示，见式（2-18）。

$$u(t) = A\cos(\omega t + \varphi_0) \tag{2-18}$$

其中，A 表示幅度，ω 表示角频率（$\omega = 2\pi f$，其中 f 表示频率，单位是 Hz），φ_0 表示相位，由此可知，幅度、角频率、相位这 3 个参数会影响正弦波的波形。

使用数字信道传送模拟信号时，模拟信号需要进行采样、量化、编码转换为数字信号。

模拟信号编码到数字信道传送的方法主要有脉冲幅度调制（Pulse Amplitude Modulation，PAM）、脉冲编码调制（PCM）、差分脉冲编码调制（Differential PCM，DPCM）和增量调制（Delta Modulation，DM）方式等。

使用模拟信道传送数字信号时，是将二进制数据调制到模拟信号上来。当改变振幅、频率和相位其中之一的特性时，波将有不同的变形，假设用二进制数 1 表示原来的波，那么波的变形为二进制数 0。目前，数字信号调制到模拟信号的机制主要有频移键控（FSK）、相移键控（Phase-Shift Keying，PSK）和幅移键控（Amplitude-Shift Keying，ASK）等。

另外，正交调幅调制（QAM）将振幅和相位变化结合起来，将输入数据先映射到一个复平面上，形成复数调制符号，再对符号的 I、Q 分量采用幅度调制（I、Q 信号是同相正交信号，I 代表 in-phase，Q 代表 quadrature，与 I 的相位相差 90°），分别对应调制在正交的两个载波上。

图 2-6 所示的 MATLAB 仿真图给出了 16QAM 的符号图和散点图。星座图

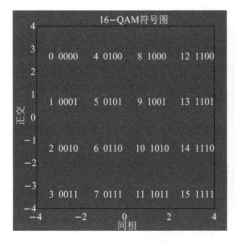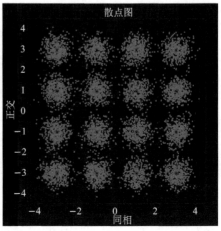

图 2-6　16QAM 符号图和散点图

是解调之后的符号图，散点图则是信号星座图的可视化。QAM 的调制效率较高，也是现在所有调制解调器中经常采用的技术。

小贴士

（1）I、Q 信号是什么？为什么要用 I、Q 信号？

I、Q 信号如图 2-7 所示，信号也可以表示为式（2-19），用式（2-20）和式（2-21）分别表示 I、Q 信号。

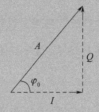

图 2-7 I、Q 信号示意

$$u(t)=A\cos(\omega t+\varphi_0)=A\cos\omega t\cos\varphi_0-A\sin\omega t\sin\varphi_0 \quad (2\text{-}19)$$

则

$$I=A\cos\omega t\cos\varphi_0 \quad (2\text{-}20)$$

$$Q=A\sin\omega t\sin\varphi_0 \quad (2\text{-}21)$$

（2）什么是星座图？

星座图是指对输入的串行数据先做一次调制，再经由快速傅里叶变换（Fast Fourier Transform，FFT），将其分布到各个子信道上去。调制的方式可以有许多种，包括二进制相移键控（Binary Phase-Shift Keying，BPSK）、正交相移键控（Quadrature Phase-Shift Keying，QPSK）、QAM 等。OFDM 中的星座映射实际上只是一个数值代换的过程。比如输入为 "00"，输出就是 "-1+i"。它在原来单一的串行数据中引入了虚部，使其变成一个复数。引入虚部可以方便地进行复数的 FFT。另外，进行星座映射后，为原来的数据引入了冗余度，以牺牲效率的方式达到降低误码率的目的。

　　根据信号源信号来精确地改变硬件电路中的高频载波正弦波的相位相对困难，而使用 I 信号和 Q 信号的电路较灵活。同频率的正弦波、余弦波之间相位偏移 90°，但在进行硬件电路设计时，器件需同时支持正弦波、余弦波，以便在 I 信号和 Q 信号之间产生 90° 相移，图 2-8 所示的是调制的电路设计，混频器用于实现倍频、上变频/下变频信号，I 信号与射频（Radio Frequency，RF）载波正弦波混频，Q 信号与相同的 RF 载波正弦波以 90° 相位偏移混频，从 I 信号中减去 Q 信号，生成最终的 RF 调制波形。

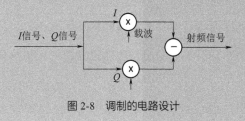

图 2-8　调制的电路设计

　　使用数字信道传送数字信号，需要先对数字信号进行编码，将由二进制数 0 和 1 组成的数字信号转换成一串可以传输的电压脉冲。

　　使用数字信道传送数字信号时的编码方式主要有不归零（Non-Return to Zero，NRZ）编码、曼彻斯特编码和差分曼彻斯特编码，详细说明如下，其次还有归零码、反向不归零码，在此不赘述。

　　不归零编码使用二进制数字 0、1 分别表示两种不同的电平。不归零编码的缺点是存在直流分量，传输时必须使用外同步。

　　曼彻斯特编码使用二进制数字 0、1 表示电压的变化，0、1 分别表示电压由低到高、由高到低的跳变（或者 0、1 分别表示电压由高到低、由低到高的跳变）。接收端提取此跳变作为同步信号。曼彻斯特编码的缺点是信号传输速率必须是数据传输速率的 2 倍，即需要双倍的传输带宽。

　　差分曼彻斯特编码使用二进制数字 0、1 表示码元在每个时钟周期的起始处有无跳变。0、1分别代表有跳变、无跳变。差分曼彻斯特编码的优点是收发双方可以根据编码自带的时钟信号来保持同步，成本低，缺点是实现技术复杂。

2.1.6 电磁波传播

1.基本电磁波传播机制

在无线通信中，卫星通信通常依赖自由空间传输，采用视距（Line-Of-Sight，LOS）传播。但是在地面无线通信中，由于发射机与接收机之间通常不存在直接的视距路径，因此地面无线通信主要依靠的是反射和绕射。

反射发生在地面、建筑物等表面，当电磁波遇到比其波长更长的物体时就会发生反射。

当接收机与发射机间的无线路径被边缘阻挡时，会发生绕射。绕射通常指电磁波绕过各种建筑物、山川等地形以及树木等所产生的偏移。

散射指由传播介质的不均匀性导致光线向四周射去，树叶等都会引起散射。

2.两径传播模型

无线通信的传播环境复杂，为了使问题简化，首先考虑两径传播的情况，再研究多径传播问题。图2-9所示为包含一条直射波、一条反射波的两径传播模型。

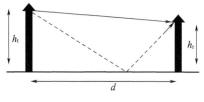

图2-9 两径传播模型

图2-9中，h_t表示发射机的高度，h_r表示接收机的高度，d表示发射机与接收机的水平距离，当d足够大的时候，接收机的接收功率可以表示为式（2-22）。

$$P_r = P_t G_t G_r \left[\frac{h_t h_r}{d^2} \right]^2 \qquad (2\text{-}22)$$

其中，P_r 与 P_t 分别表示接收机的接收功率与发射机的发射功率，G_r 与 G_t 分别表示基站与移动台的天线增益，式（2-22）的分贝形式表示见式（2-23）。

$$P_r = P_t + 10\lg G_t + 10\lg G_r + 20\lg(h_t h_r) - 40\lg d \qquad (2\text{-}23)$$

由式（2-23）可知，当 d 很大时，接收功率随距离呈 4 次方衰减，此时，接收功率和路径损耗与频率（波长）无关。两径传播模型的路径损耗可以表示为式（2-24）。

$$L = 40\lg d - (10\lg G_t + 10\lg G_r + 20\lg h_t + 20\lg h_r) \qquad (2\text{-}24)$$

3. 无线信道

无线信道是电磁波在空间中传播的通道。有两种划分电磁波的方式。第一种方式将电磁波划分为低频、中频、高频等，这种划分方式在移动通信中较常用，如表 2-1 所示。第二种方式将电磁波划分为 S 波段（2~4 GHz）、C 波段（4~8 GHz）、Ku 波段（12~18 GHz）等。

表 2-1 电磁波的分类和用途

频带名称	符号	频率范围	波段名称	波长范围	典型应用场景
甚低频	VLF	3~30 kHz	甚长波	100~10 km	超远距离导航，远距离通信，海岸潜艇通信
低频	LF	30~300 kHz	长波	10~1 km	远距离导航，地下岩层通信，中距离通信，越洋通信
中频	MF	0.3~3 MHz	中波	1 km~100 m	中距离导航，移动通信，无线电通信，船用通信
高频	HF	3~30 MHz	短波	100~10 m	移动通信，国际定点通信，远距离短波通信
甚高频	VHF	30~300 MHz	米波	10~1 m	移动通信，对空间飞行体通信，电离层散射

续表

频带名称	符号	频率范围	波段名称	波长范围	典型应用场景
特高频	UHF	0.3~3 GHz	分米波	1~0.1 m	移动通信，中容量微波通信，小容量微波通信
超高频	SHF	3~30 GHz	厘米波	10~1 cm	移动通信，大容量微波通信，卫星通信
极高频	EHF	30~300 GHz	毫米波	10~1 mm	移动通信、波导通信

注：频率范围和波长范围含右不含左。

如下列举部分典型的电磁波。

地波传播是 MF 频段电磁波的主要传播模式，常用于 AM 广播和海岸无线电广播。在 MF 频段中，大气噪声、人为噪声和接收机中的电子器件的热噪声是对信号传输的主要干扰。

信号多径指发送信号经过多条传播路径，以不同的延迟到达接收机。经由不同传播路径到达的各信号分量会相互削弱而导致信号衰落，因此通常会引起数字通信系统中的符号间干扰。在 HF 频段范围内，电磁波经由天波传播时经常发生信号多径现象，HF 频段的加性噪声是大气噪声和热噪声的组合。

30 MHz 以上频段的电磁波通过电离层传播具有较小的损耗，因此在 VHF 频段及以上频段，电磁波传播的主要模式是视距传播，一般情况下，视距传播所能覆盖的区域受到地球曲度的限制。

在频率为 10 GHz 以上的 SHF 频段，大气层环境对信号传播影响大。例如，降雨衰减是电磁波在雨中传播的时候由雨点吸收和散射而产生的衰减，常用降雨衰减系数（dB/km）来表示，降雨衰减系数常与降雨强度成正比。

在 EHF 频段以上的频率是电磁频谱的亚毫米波、红外、可见光和紫外线，它们可用来提供自由空间的视距光通信，第 7 章将阐述可见光通信，在此不赘述。

小贴士

什么是视距传播?

可将视距传播形象地描述为发射天线、接收天线能互相"看见"对方。视距传播是电磁波从发射机传播到接收机的传播方式(在发射天线和接收天线能相互"看见"的距离内)。视距传播的距离一般为 20~50 km。

非视距(Non-Line-Of-Sight,NLOS)传播指发射天线和接收天线的直射路径受到阻挡。

超视距(Beyond-Line-Of-Sight,BLOS)是 NLOS 的特殊情况,这种传播方式常见于由地球凸起、地形或其他障碍物阻挡的超长距离通信链路中。

2.1.7 天线

天线是一种把传输线上传播的导行波(全部或绝大部分电磁能量被约束在有限横截面内沿确定方向传输的电磁波)变换成自由空间中传播的电磁波(或者进行相反的变换)的变换器。天线在无线电设备中用来发射或接收电磁波。天线具有可逆性,即同一副天线兼顾发射信号和接收信号的功能。天线具有互易性,即在发射或接收状态下,测量该天线参数的结果是相同的。

天线的通用电气指标主要有工作频段(Frequency Range)和功率容量(Power Capacity)等。

1. 工作频段

天线在一定的频率范围内工作,满足指标要求的频率范围即天线的工作频段。工作频段的宽度称为工作带宽。

2. 功率容量

功率容量指在规定的时间周期内,按规定的条件,可连续地加到天线上而又不至于降低其性能的最大连续射频功率。

3. 增益

增益即输入功率相等时，在空间同一点处，实际天线与理想的辐射单元所产生的信号功率密度的比值。天线增益可用于定量地描述天线输出功率集中辐射的程度，用来衡量天线朝一个特定方向收发信号的能力，天线增益越高，方向性越好，能量越集中，波瓣越窄。

4. 旁瓣抑制与零点填充

旁瓣抑制指基站天线应尽可能降低瞄准受干扰小区的旁瓣辐射功率，减少覆盖区域无用信号与有用信号之比，来减少对邻区的干扰。

零点填充是指为了使业务区内的辐射电平更均匀，在天线的垂直面内，对下旁瓣第一零点采用赋形波束加以填充，通常零点深度相对于主波束 >−20 dB 即表示天线有零点填充。

移动天线产品种类众多、型号各异，根据其应用场景的不同，一般可以分为室内分布式天线、室外基站天线、美化天线等。其中，室外基站天线有智能天线、多波束天线等，举例如下。

智能天线是指采用双极化辐射单元，组成定向（特定方向内）或全向（360°）阵列进行波束扫描的天线阵列。天线阵列是指单个天线按一定规律排列组成的天线系统。智能天线可以判定信号的传播方向，具有跟踪、定位信号源的智能算法，并且可以根据信息进行空域滤波。

多波束天线是能产生多个元波束的天线，多个元波束可以合成一个或多个成形波束以覆盖特定的空域。

MIMO 技术在发射机、接收机上同时使用多副天线。理论上，信道容量随发送端、接收端的最小天线数量呈现线性增长，MIMO 模式与单天线模式相比，信道容量明显增大。MIMO 使信号在空间上获得了天线阵列增益等，具体见 7.7 节的描述。

Massive MIMO 是 5G 中提高系统容量和频谱利用率的关键技术，基站配置的天线通常为几十副以上，是普通 MIMO 系统天线数量的数倍。图 2-10 展示了 5G 的 Massive MIMO 天线，其详细技术特点在第 7 章中详细阐述。

图 2-10　5G 的 Massive MIMO 天线

人工智能

人工智能是研究让计算机模拟人的某些思维过程和智能行为的学科。人工智能在计算机上有两种实现方式。一种是工程学方法，它采用传统的编程技术，不考虑所用方法是否与人类或其他动物机体所用的方法相同，使系统呈现智能的效果，例如文字识别、计算机下棋等。另一种是模拟法，它的效果和实现方法与人类或其他动物机体相同或类似，例如遗传算法（Genetic Algorithm，GA）和人工神经网络（Artificial Neural Network，ANN）等。

2.2.1　机器学习

使用机器学习算法无须明确地编程，基于训练数据（又称为样本数据）建立数学模型，实现预测或决策。机器学习涉及统计学、概率论、逼近论等多门学科，它是人工智能的核心技术。人工智能的细分如图 2-11 所示，该图说明了人工智能、机器学习和深度学习之间的逻辑关系。

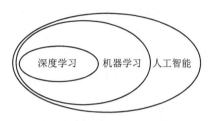

图 2-11　人工智能细分示意

机器学习基于学习方式可以分为监督学习、无监督学习、半监督学习、强化学习和深度强化学习等，简要阐述如下。

1. 监督学习

监督学习（Supervised Learning，SL）指使用已知标签数据来训练网络。监督学习分为回归和分类。回归是指对连续的数据进行数据拟合，以得到一个函数用于预测。分类是指对离散的数据进行数据分类，预测数据分别属于不同的类别。

2. 无监督学习

无监督学习（Unsupervised Learning，UL）适用于具有数据集但无标签的情况。无监督学习主要应用于聚类分析、关联规则等。

3. 半监督学习

半监督学习（Semi-Supervised Learning，SSL）结合了监督学习与无监督学习，使用大量的无标签数据和少量的有标签数据来进行模式识别。

4. 强化学习

强化学习（Reinforcement Learning, RL）没有标注数据集，但有办法区分是否越来越接近目标。强化学习中，用由环境提供的强化信号来对产生动作的好坏做出评价。

5. 深度强化学习

深度强化学习（Deep Reinforcement Learning，DRL）结合了深度学习、强化学习的感知和决策能力，可以根据输入的信息直接实现控制。

机器学习的 3 个要素是模型（model，指用来描述客观世界的数学模型）、策略（strategy，指从假设空间中挑选出参数最优模型的准则）、算法（algorithm，指优化模型参数的方法）。

2.2.2 算法

目前，常见算法包含决策树（Decision Tree，DT）算法、朴素贝叶斯算法、支持向量机（Support Vector Machine，SVM）算法、随机森林算法、神经网络（Neural Network，NN）算法、Boosting 和 Bagging 算法、关联规则算法、期望最大化算法、深度学习算法等。以下介绍部分算法。

1. 决策树算法

决策树算法借鉴了树形模型，将根节点到一个叶子节点的路径看作一条分类的规则，将每个叶子节点看作一个判断类别。决策树算法递归地选择最优的特征对训练数据进行分割，来实现对各个数据集的最优分类。该算法的优点是结构简单，具有可读性，处理数据效率较高。

2. 支持向量机算法

支持向量机算法是一种监督式的机器学习算法。通过将向量映射到一个更高维的空间里，在这个空间里建立一个最大间隔超平面，从而实现对样本进行分类或回归分析。那些在间隔区边缘的训练样本点即为支持向量。该算法的优点是提高维度，从而将问题简化。

3. 神经网络算法

神经网络算法由具有适应性的个体单元互相连接组成。该算法的优点是可以对信息量少的系统进行模型处理，具有并行性，且传递信息速度极快。

神经网络按性能分为连续型网络、离散型网络，或者确定型网络、随机型网络；按连续突触性分为一阶线性关联网络、高阶非线性关联网络；按拓扑结构分为前向网络、反馈网络。基本的神经网络主要包括人工神经网络（ANN）、深度神经网络（Deep Neural Network，DNN）和循环神经网络（Recurrent Neural Network，RNN）等。

（1）人工神经网络

1958 年，受大脑神经元的启发，弗兰克·罗森布拉特（Frank Rosenblatt）设计了第一个人工神经网络，由此形成了第一代神经网络。第一代神经网络是由若干输入和一个输出组成的两层模型，神经元是神经网络中的基本成分。

第二代神经网络即多层感知机，与第一代神经网络相比，具有如下特点。

第一，增加了隐藏层。

第二，输出层的神经元可以有多个输出。

第三，对激活函数（负责将神经元的输入映射到输出端）做扩展，通过使用不同的激活函数，神经网络的表达能力进一步增强。

（2）深度神经网络

深度神经网络的结构和传统意义上的神经网络无太大区别，主要的不同是层数增多了，采用逐层训练机制，并解决了模型可训练的问题。多层的好处是可以用较少的参数表示复杂的函数。

（3）循环神经网络

深度神经网络只能看到预先设定长度的数据，对语音和语言等前后相关的时序信号的表达能力是有限的，基于此提出了循环神经网络模型，它的隐藏层不但可以接收上一层的输入，也可以接收上一时刻当前隐藏层的输入。

循环神经网络的改进模型有双向循环神经网络、深层双向循环神经网络、长短期记忆（Long Short Term Memory，LSTM）模型等。LSTM 模型是一种时间循环神经网络，可以学习长期依赖信息，得到了广泛的应用。

（4）卷积神经网络

卷积神经网络（Convolutional Neural Network，CNN）是模拟人的视觉神经系统提出来的。卷积神经网络的结构依旧包括输入层、隐藏层和输出层，隐藏层包含卷积层、池化层和全连接层，其中卷积层负责对输入数据进行特征提取。一次卷积运算一般只能提取局部特征，难以提取出全局特征，因此需要在一层卷积的基础上继续做卷积计算，这就是多层卷积。

2.3 大规模通信

大数据等信息技术与通信技术不断融合，网络规模不断增大，数学理论和新的理论工具让对大型随机网络进行系统的、可靠的和可解释的分析变得更方便。以下 3 种理论将有望在大规模通信中发挥重要作用。

1. 高维随机矩阵理论

20 世纪 90 年代，Foschini 与 Telatar 最早把随机矩阵理论应用到通信领域中，利用随机矩阵理论来描述多天线通信系统的信道容量，之后 Verdu 首先引进

了关于随机矩阵的 η 变换和香农变换，描述了一种拥有特定噪声的 MIMO 无线信道的近似容量极限。随着随机矩阵理论的不断发展，各种不同类型的无线通信系统传输信道基础理论不断演进应用，主要包含如下内容。

第一，MIMO 随机信道的极限容量。

第二，线性预编码系统的 SINR 的极值分析。

第三，使用干扰消除接收机的随机信道的 SINR 的极值分析。

第四，编码多用户系统的 SINR 的极值分析。

目前，无线通信系统的信道根据信道的记忆特性被划分为无记忆信道（信道输出仅与当前的输入有关）和有记忆信道（信道目前的输出不仅与当前的输入有关，还与过去的输入和 / 或过去的输出有关）。无记忆信道可用式（2-25）来表示。

$$y=Hx+n \tag{2-25}$$

其中，x 表示 K 维输入向量，y 表示 N 维接收向量，n 表示 N 维加性高斯白噪声向量，且 x、y、n 均为复变量（即复数是一个变量）。不考虑收发端的限制，系统信道特征可以采用（$N \times K$）维的复数随机矩阵 H 来描述，其中 N 和 K 的值随信道的不同而变化。

随机矩阵可以用来描述多种无线信道模型。在一个概率空间（Ω，F，P）中，Ω 为样本空间，F 是样本空间 Ω 的一个非空子集。F 的集合元素称为事件 Σ。事件 Σ 是样本空间 Ω 的子集。P 是 F 上的概率测度。用 $\omega \in \Omega$ 表示样本空间 Ω 中的一个样本点，（R，G）为一个可测空间。随机变量 $X=X(\omega)$ 是映射 $X : \Omega \to R$。常见的观测空间 R 在实数集 $R^{N \times K}$ 或者复数集 $C^{N \times K}$ 上。X 的分布函数 $F(X)$ 的定义见式（2-26）。

$$F(X)=P(X \le x)=P(\{\omega : X(\omega) \le x\}) \tag{2-26}$$

X 的期望值 $E[X]$ 是在概率测度 P 上对 X 的积分，见式（2-27）。

$$E(X) = \int_{\Omega} X(\omega)P(\mathrm{d}\omega) = \int_{\Omega} X(\omega)\mathrm{d}P(\omega) \tag{2-27}$$

假设有一个矩阵 $H \in C^{N \times K}$，若矩阵中元素均为定义于概率空间（Ω，F，P）中的随机变量，且矩阵中的每一个元素都属于可测空间（$C^{N \times K}$，G），则该矩阵称为随机矩阵，如图 2-12 所示，其中 $H(\omega)$ 表示矩阵 H 在采样点 ω 上的实现。

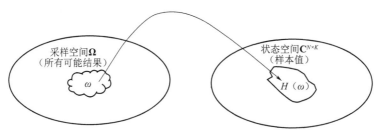

图 2-12　随机矩阵的定义

简言之，随机矩阵是一个以随机变量为元素的矩阵，高维随机矩阵是维数趋于无穷大的随机矩阵。

2. 随机性模型

根据建模方法的差异性，无线信道模型分为随机性模型和确定性模型。

随机性模型通过确定的概率分布来描述信道参数，因此易于处理、适用性强，但精度比确定性模型低。它包括规则形状几何随机性模型、非规则形状几何随机性模型、非几何随机性模型与马尔可夫模型等。

确定性模型依赖于传播环境的精确信息，依据光学射线理论或电磁传播理论来准确地分析和预测无线信道传播特性，一般仅适用于较小范围场景的信道建模。

3GPP 38.901 采用的信道模型是基于几何的随机性模型（Geometry-Based Stochastic Model，GBSM）。3GPP 的信道模型标准化过程中，其信道模型从低频段、窄带宽的二维平面信道模型发展为广频率、大带宽的三维信道模型，支持毫米波频段、更大的天线阵列，以及包括城市、农村等精细化场景。随着通信技术的不断演进，对更高的频率、更大规模的天线阵列、更多样化的异构通信场景的需求增多，相应的信道表现出新的特性，需要通信从业者不断深入探索。

3. 张量

张量（Tensor）是基于标量和矢量向更高维度的推广，它通过对一系列具有某种共同特征的数进行有序的组合来表示更加广义的"数"。使用张量代替原始输入向量，可以有效提取数据的结构特征，实现更低的计算复杂度，还可以在不破坏数据结构的情况下提高准确性。简言之，张量实际上是一个以创造更高维度的矩阵、向量为目的的多维数组。

张量已被逐渐应用于各个领域，如 MIMO 毫米波信道估计是通信系统中重要的一环，张量计算应用于毫米波 MIMO 系统时变信道估计中。

一阶数据通常称为向量，二阶数据通常称为矩阵，三阶或多阶数组通常称为张量，如图 2-13 所示，其中 **R** 表示多维实数空间。以下用公式分别描述向量、矩阵和多阶张量。

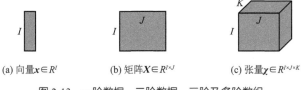

(a) 向量$x \in R^I$　　(b) 矩阵$X \in R^{I \times J}$　　(c) 张量$\chi \in R^{I \times J \times K}$

图 2-13　一阶数据、二阶数据、三阶及多阶数组

假设一阶数据（向量）用式（2-28）表示：

$$x = \{x_i\} \tag{2-28}$$

那么二阶数据（矩阵）用式（2-29）表示：

$$X = \{x_{ij}\} \tag{2-29}$$

则三阶或多阶数组（张量）用式（2-30）表示：

$$\chi = \{x_{ij\cdots k}\} \tag{2-30}$$

其中 i、j、k 为变量，$i=1, \cdots, I$，$j=1, \cdots, J$，$k=1, \cdots, K$。四阶张量是三阶张量沿着一维的扩展，五阶张量是三阶张量在两个方向上的扩展。为了更简洁地描述张量，使用正方形或者多边形的几何节点来表示张量，N 阶张量可以用类似的方式表示。

小结

本章回顾了通信基础知识，为理解后续各章的内容提供帮助。6G 的发展应用离不开人工智能、大规模通信等多学科技术的飞速发展。

第二部分

·6G 应用场景及·
全球 6G 发展进程

5G 在不断发展中面临诸多挑战,与此同时,6G 时代越来越近。6G 是什么?未来的 6G 有哪些应用?全球 6G 现状如何?

第 3 章　6G 概述

3.1　6G 是什么

6G 是在 5G 的基础上演进发展以满足未来信息社会需求的通信技术。

6G 愿景可以概括为 3 个关键词——一念天地、万物随心、开放可信，如图 3-1 所示。

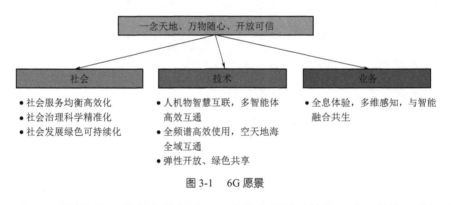

图 3-1　6G 愿景

"一念天地"指无处不在的低时延、大带宽的极致连接，空天地海无处不在的全域融合。6G 以降低频谱效率和减少连接数量为代价来实现良好的可靠性与实时性。

"万物随心"指以万物为智能对象，利用算网一体技术实现"随心"所想而智能响应的"智能原生"，以及呈现方式支持"随心"的沉浸式全息交互体验的数字孪生技术。

"开放可信"指弹性开放的网络结构、可信免疫能力的设计以及与人共存的"绿色共享"。一方面,"可信"指全方位、多角度融入安全防护能力和可信免疫能力的设计,其中,安全防护能力是动态的、主动的,可信免疫能力是可记录、可追溯的,二者使安全贯穿感知资源域、功能控制域和服务应用域。另一方面,"可信"还强调"绿色共享",体现与人共存的可信赖、可持续发展。在 6G 设计中,充分考虑节能减排,保护自然生态,促进通信设备与环境融合。

综上所述,6G 具有 ASGO-IN 的特点,6G 网络包括卫星通信网络、地面通信网络、无人机通信网络等。为了满足超高传输速率和超高连接密度的应用需求,包括毫米波、太赫兹波在内的全频谱等新技术、新方法将被充分挖掘。为了满足人与人、人与物、物与物的互联需求,6G 将带来智能交互,通信、感知一体化等全新的应用场景体验。

3.2 6G 的应用场景

2019 年 3 月,美国贝尔实验室提出了部分 6G 网络的关键性能指标(Key Performance Indication,KPI)。其中提到,网络数据传输的峰值预计将超过 100 Gbit/s,连接密度达到 10^7 个设备连接 /km^2,时延应小于 0.3 ms,能源效率将是 5G 的 10 倍,容量将达到 5G 的 10 000 倍。

通过应用 AI 技术,6G 网络可以实现更优的网络管理和更高的自动化水平。由于具有异构的网络结构、多样化的通信场景、大量的天线和较宽的带宽,与 5G 网络相比,6G 网络的连接密度将增加 10~100 倍。

2018 年 7 月,ITU 成立 Network 2030 焦点组(Focus Group on Network 2030,FG-NET-2030),致力于研究 2030 年及以后的网络能力,以支持未来如全息通信等新颖的前瞻性场景,满足在紧急情况下可以快速地响应新兴市场和垂直领域的高精度通信需求。

未来的 6G 网络将支持更加广泛的应用场景，如图 3-2 所示，实现安全可靠的、以人为本的服务，支持更远距离的高速移动、极低功耗的通信，提供多种业务、多项技术发展，提供更加可靠的网络支撑。

图 3-2　6G 网络潜在业务应用场景

3.2.1　全息沉浸体验

在 5G 时期，全息技术被广泛应用，基于增强现实（Augmented Reality，AR）、虚拟现实（Virtual Reality，VR）的无介质浮空成像技术被应用于银行智慧柜台、电梯等场景中。

全息通信业务是基于裸眼全息技术的高沉浸、多维度交互应用场景数据的采集、编码、传输、渲染及显示的应用，包含从数据采集到多维度感官数据还原的端到端过程。

6G 将支持人类对物理世界进行更深刻的理解与感知，帮助人类构建虚拟世界与现实融合世界，扩展人类的活动空间；同时支持大量智能体互联，从而延伸人类的体能和智能水平。

根据依赖技术和给予用户体验的差异，在 6G 时代，全息通信的应用场景预计有 7 类，如图 3-3 所示。结合 6G、全息通信愿景与未来通信技术发展趋势，以扩展活动空间与延伸智能为方向进行扩展与挖掘，可获得包括高质量全息、沉浸 XR、新型智慧城市、全域应急通信抢险、智能工厂等相关 6G 全息通信场景与业务形态，贴合 6G 的愿景，体现"人、机、物、境"的完美协同。

- 多维度互动体验：采用全息技术构建可供用户深度参与交互的体验场景，以丰富的沉浸式多通道交互手段，提供丰富、新颖的交互体验。

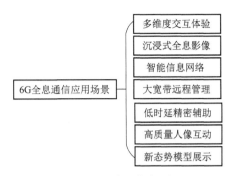

图 3-3　6G 全息通信应用场景

- 沉浸式全息影像：通过裸眼全息的方式，营造全场景效果，以超低时延与超大带宽的通信能力为用户带来极致体验。

- 智能信息网络：采集到的大规模数据在上传后，结合大数据、人工智能等技术对其进行综合处理、分析，让 6G 网络为全域智能化赋能，实现人工智能、数字孪生与 6G 网络的紧密结合。

- 大带宽远程管理：传感器等采集与监控设备将会产生海量的数据，供远端业务方使用，6G 网络将提供超大带宽的远距离数据传输业务，帮助用户获取远端实时数据，得到全息态势信息，以进行大规模的数据远程传输、处理及呈现。

- 低时延精密辅助：6G 网络的低时延优势，将使得通信网络的安全性与稳定性大大提高，低时延精密辅助场景将在医疗、制造等领域得到广泛应用。

- 高质量人像互动：跨越空间和时间，通过自然逼真的视觉还原，实现人、物及其周边环境的三维动态交互。

- 新态势模型展示：实现场景的光场全息，通过光场三维模型的展示，在降低操作成本的同时丰富交互体验。

例 3-1：智慧云购

借助 6G 极致、无所不在的连接能力，未来有望实现智慧云购。通过 XR、全息、通感等技术，用户在购买物品之前就可以获得试用体验。例如，用户想购买一台冰箱，可以通过全息投影将冰箱投影在家中预留的位置，并选择与家具、装修风格匹配的冰箱尺寸、款式、颜色。

例 3-2：智慧社区

智慧社区将提供远超传统社区的服务，通过物业管理与服务系统的数字化、智能化升级，如门禁设置、电梯管理、停车管理、视频监控、快递寄存等，实现更加高效和智能的物业管理与社区服务。同时，智慧社区将以建筑与社区为平台，利用通信、AI/ML、自动化等技术实现智慧社区，并无缝地接入智慧城市，为社区居民提供高效、舒适、便利、安全的居住环境。此外，智慧社区也将为居民提供定制化的服务，对于家中有老人的居民，可以通过将智慧家居连接到智慧社区，实时监测老人的健康状况，以便及时地处理各种意外情况。

智慧社区的实现需要依托高速率、低时延且智慧化的网络。6G 网络在具备超高速率、超低时延的同时，将实现通信、AI/ML、算力等的深度融合，为智慧社区提供有力的支撑。

3.2.2　通感体验优化

6G 网络既是通信网络又是感知网络。它可利用通信信号实现对目标的检测、定位、识别、成像等感知功能，获取周边环境信息，挖掘通信能力，增强用户体验。例如，感知网络有望实现嗅觉、触觉等更丰富的人类生理感知体验，以及人类情感、意念等有关的交互感知；又如，包括触觉反馈在内的多感官反馈在远程操控场景中发挥着重要作用，利用通信信号的感知功能可以进行精准定位，实现高精度感知、环境监测等。

通信感知网络所需的数据量极其庞大，需要极致的通信时延来保障感知的远程实时传递，内容和数据将通过 6G 网络传输，太赫兹波等更高频段的使用将促进对周围环境信息的获取。

3.2.3　工业智能控制

工业互联网是制造业数字化、信息化转型的重要基础设施。目前，5G 与工业互联网的融合催生了全连接工厂、工业视觉、智慧物流等多种新型应用场景及业务，加速了工业数字化发展进程。但 5G 与工业互联网的融合仍然受限于网络速率、安全性等，随着未来工业场景向全面智能化、自动化、安全方向延展，移动通信的网络能力需要能够全面支撑工业互联网业务。

6G 网络将赋能未来工业互联网场景、支持精细化的远程自动控制。例如，硬件机械方面，在厂房之间，可利用无线网络对机床等设备进行高可靠、确定性时延的操作，完成生产工艺；智能设备方面，工业机器人可以通过精准的定位和环境感知，进行实时控制及画面传输，多类机器人协作还可以实现货物搬运等操作；软件技术方面，数字孪生技术将以工业系统的海量数据构建完整的数字工厂，再结合 AI 等新技术，打造基于数字孪生的智能工业平台，完成数据自动传输、智能化决策等流程，实现工业互联网业务的全面创新。

3.2.4　空天地海一体化

空天地海全维度网络是由卫星通信系统、地面互联网、移动通信网、海洋通信网等构成的互联、互通一体化信息网络体系。

6G 网络有望实现跨越大空间尺度的低时延业务，优质的、无所不在的网络服务，无差别的服务，以及高精度定位服务等；有望大力促进物联网发展，促进社会、商业和娱乐等行业的全面数字化升级；实现偏远地区的低成本的广覆盖，促进社会资源的共享平衡；有助于自然环境和城市环境的数字化管理，实现社会事件、极端气候、灾难等的预警，为抢险救灾工作和人民群众的生命、财产安全提供基础保障。

未来空天地海一体化的典型应用场景如下。

- 全地形覆盖，如在海洋、湖泊、岛屿、山区等地面基站无法覆盖到的区域。

- 应急通信，如洪水、泥石流等灾害发生时。

- 广播业务，如公共安全广播、应急交互广播等。

- 物联网服务，如医疗保健跟踪、远洋物资跟踪等信息采集服务。

- 信令分流，通过卫星网络传递控制面的信息。

3.2.5　智慧生活服务

智慧生活服务指依托云计算等技术，利用主流的互联网通信渠道，配合众多智能家居终端，为用户提供全新的智能化家居生活体验。目前，智慧生活服务如智能交通、智慧医疗、智慧安防等已经在应用，随着 6G 时代的到来，这些服务的应用体验将再上新的台阶。

以智能交通、智能物流为例，车联网技术的发展和服务水平的提升，将催生新的产业链。随着人口的增加和全球化的推进，快递业迅猛发展，将促进人与物关系的发展，人联网将大量应用，从而促进自动驾驶汽车、运送货物的自动卡车、无人机等自动驾驶设备精准地协调运行，提升运输和物流的效能。

6G 有望实现全民智能普惠，更多的智能终端将实现对物理世界的高效模拟、预测，从而推动技术变革和社会前进。6G 网络将基于 AI 等技术，实现网络自主学习、自动运行、自动维护，为信息社会发展赋能。

3.2.6　内生智能随愿

内生是指靠自身发展。通过智能原生、数字孪生探索出以人类需求为根本的"万物随心"的智慧网络。

智能对象利用算网一体技术能够实现"随心"所想且智能响应，即智能原生。数字孪生指在数字世界中镜像复制来自物理世界中的实体，物理世界中的实体可凭借数字世界中的映射实现智能交互。

一方面，数字孪生对 6G 网络的架构和能力提出诸多挑战，如万亿级的设备连接能力等。

另一方面，6G 网络基于极致连接和大量数据处理，AI 将赋能各个领域的应用，而移动边缘计算（Mobile Edge Computing，MEC）正是实现智能无所不在的关键之一。移动边缘计算将网络的资源、内容和功能迁移到更靠近终端的位置，极大地减小了传输时延，提高了业务的时效性，提供了丰富的面向垂直行业的业务。6G 有望实现极致连接和全域融合，提供算力基础，实现网络与计算的深度融合。

小结

本章描述了目前所预见的 6G 应用场景。随着 6G 的不断发展，未来的应用将越来越丰富，这些应用场景将推动 6G 的关键性能指标逐步满足其最高要求。

第4章 全球6G发展进程

4.1 世界各国各地区政府及组织的6G发展进程

4.1.1 中国的6G发展进程

政府方面，2019年6月，中国IMT-2030（6G）推进组成立。同年11月，国家6G研发推进工作组和国家6G技术研发总体专家组成立。目前，下一代宽带通信网络的相关技术研究主要包括大规模无线通信物理层的基础理论与技术、面向基站的大规模无线通信新型天线与射频技术等。2021年发布的《中华人民共和国国民经济和社会发展第十四个五年规划和2035年远景目标纲要》中提到要前瞻布局6G网络技术储备。2021年6月，IMT-2030（6G）推进组正式发布《6G总体愿景与潜在关键技术白皮书》，提到3GPP国际标准组织预计将于2025年后启动6G国际技术标准研制，大约在2030年实现6G商用。2021年11月，《"十四五"信息通信行业发展规划》发布，明确了6G基础理论及关键技术研发的相关部署。2022年1月，国务院印发《"十四五"数字经济发展规划》，提到前瞻布局6G网络技术储备，加大6G研发支持力度，积极参与推动6G国际标准化工作。2023年4月，中国IMT-2030（6G）推进组发布《6G AI即服务（AIaaS）需求研究》报告，提出了人工智能即服务（Artificial Intelligence as a Service，AIaaS）的人工智能服务质量（Quality of Artificial Intelligence Service，

QoAIS）和关键性能指标（KPI）；中国 IMT-2030（6G）推进组对 2023 年工作进行部署，提出加快 6G 网络架构和关键技术的收敛以形成形象化架构共识等。

我国科学技术部等部门高度重视 6G 的发展演进，国家自然科学基金发布了申报指南，关注和鼓励 AI 驱动的 6G 无线智能空口传输技术、6G 智简网络架构与自治技术、6G 移动通信安全内生及隐私保护技术、面向"双碳"目标的超低能耗移动通信理论与方法、基于时空多维信息的大尺度星地融合组网技术等研究。以面向 6G 智能应用的新型网络架构与传输方法为例，鼓励青年科学家参与 6G 研究，在面向多模态业务的语义通信系统架构、语义通信隐私保护机制，以及语义通信质量评价和保障机制，面向超宽带实时业务、满足密集部署和不同传输距离需求的超大规模 MIMO 新型远近场混合传输技术等方面做出贡献。

设备厂商方面，华为公司在 2017 年开始了对 6G 研究的投资，之后在加拿大渥太华成立了无线先进系统能力中心，相继发布了《6G 原生可信》白皮书等成果；在太赫兹通信技术领域，华讯方舟等公司已开始布局。紫光展锐发布了《6G：无界，有 AI》白皮书，对太赫兹通信、可见光通信等 6G 的核心技术进行了分析。

运营商方面，国内电信运营商正在进行 6G 研发。2019 年 11 月，中国移动联合产业界其他同行共同发布了面向 6G 的《2030+ 愿景与需求报告》，报告中提出了 6G 网络的按需服务、至简、柔性网络、智能内生、内生安全 5 个主要特征。2022 年 8 月，中国电信股份有限公司研究院、紫金山实验室联合发布了《未来网络白皮书 基于云网融合的 6G 关键技术白皮书》，意味着重大成果"全球首个 6G TKμ 极致连接无线传输试验平台 1.0 版"的部分技术已走向产业化、实用化探索阶段。中国联通陆续开展了 6G 太赫兹通信等技术的研究，2022 年，在半年度业绩说明会上提出，要积极布局内生智能、通感融合、网络服务化、算网一体、网络与信息安全等 6G 重点技术方向，做好 6G 储备。

4.1.2　美国的6G发展进程

政府方面，2019 年 3 月，美国联邦通信委员会（Federal Communications Commission，FCC）宣布开放 95 GHz~3 THz 频段作为试验频谱，未来可能用于 6G 服务。

行业组织方面，2020 年，美国政府正式批准 6G 实验后，美国电信行业解决方案联盟（the Alliance for Telecommunications Industry Solutions，ATIS）于同年 10 月成立了专门管理北美 6G 发展的贸易组织的 NextG 联盟（NextG Alliance，NGA）。NGA 的战略任务主要包含建立 6G 战略路线图、推动制定 6G 相关政策、6G 服务的全球推广等。NGA 吸纳了信息产业巨头高通、苹果、微软，电信运营商 AT&T、Verizon，通信厂商诺基亚、爱立信，终端厂商 LG、三星、夏普、NEC 等，以及芯片厂商台积电。2021 年 10 月，NGA 向国际电信联盟无线电通信部门（ITU Radiocommunication Sector，ITU-R）提交了关于 IMT-2030 愿景的 6G 路线图建议。2021 年末，NGA 宣布与韩国 5G 论坛签署谅解备忘录。同期，三星美国研究中心向 FCC 申请 6G 试验频率使用许可并获通过。2022 年 1 月，NGA 发布了《6G 路线图：构建北美 6G 领导力基础》，提出了信任、安全性和弹性，优化数字世界体验，分布式云和通信系统等 6G 的愿景。

高校方面，美国纽约大学无线中心（NYU Wireless）开展了对使用太赫兹频率的信道传输速率达 100 Gbit/s 的无线技术研究。美国加州大学的 ComSenTer 研究中心开展了"融合太赫兹通信与传感"的研究。美国加州大学欧文分校纳米通信集成电路实验室研发了一种工作频率在 115 GHz 到 135 GHz 之间、在 30 cm 的距离内能实现 36 Gbit/s 的传输速率的微型无线芯片。美国弗吉尼亚理工大学的研究显示，6G 将会学习并适应人类用户，智能机时代将走向终结，人们将见证可穿戴设备的通信发展。

美国在空天地海一体化通信特别是卫星互联网通信方面领先。"星链"是美国太空探索技术公司（SpaceX）的一个项目，SpaceX 计划在太空搭建由卫星组成的"星链"网络以提供互联网服务。截至 2023 年 4 月，SpaceX 已成为全球拥有卫星数量最多的商业卫星运营商。

4.1.3　欧洲的6G发展进程

欧洲的 6G 研究初期以各大学和研究机构为主体，积极组织全球各区域研究机构共同参与 6G 研究探讨。

技术研发方面，英国开展产学研探索。英国布朗大学实现了非直视太赫兹数据链路传输。英国 Global Key 集团组建了 6G 科研小组，探索 6G 时代互联网行业与媒体行业跨界合作的全新模式，推动数字孪生等新兴技术与传媒领域的深度融合。英国贝尔法斯特女王大学等一些大学也正在进行 6G 相关的研究。

2018 年，芬兰奥卢大学在芬兰政府的资助下率先启动"6Genesis——支持 6G 的无线智能社会与生态系统"项目。2019 年 3 月，奥卢大学组织邀请世界各国通信专家召开了全球首届 6G 峰会。2019 年 10 月，奥卢大学发布了全球首部 6G 白皮书，提出 6G 将在 2030 年左右部署，同时提出了 6G 网络关键指标，对 6G 的愿景和应用进行了系统展望。2021 年 1 月，诺基亚等产业界与奥卢大学等学术界多个机构共同发起 6G 研究项目 Hexa-X，旨在研究 6G 系统使能架构。2021 年 6 月，欧洲 5G 基础设施协会（5G IA）发布白皮书，提出欧洲 6G 时间表、6G 目标、6G 架构、6G 关键技术等。

4.1.4　日韩的6G发展进程

日本总务省于 2020 年 1 月举办了 Beyond 5G 推进战略座谈会，6 月公布了《Beyond 5G 推进战略——面向 6G 的路线图》，11 月成立了 Beyond 5G 新经营战略中心，12 月设立了 Beyond 5G 推进联盟，2021 年，提出 Beyond 5G 研究开发促进事业研究开发方针，以重点强化日本研究开发力量。2022 年，日本名古屋大学等研究团队进行了都市内 6G 通信网的研究尝试。目前，日本电报电话公司已经开发出了面向 6G 的太赫兹射频芯片，实现了峰值约为 100 Gbit/s 的传输速度。

韩国同样是最早开展 6G 研发的国家之一。2020 年 8 月，韩国科学技术信息通信部发布《引领 6G 时代的未来移动通信研发战略》。2019 年 1 月，LG 与韩国高级科学技术学院合作建立 6G 研究中心。同年 4 月，韩国通信与信息科学研究院宣布开始开展 6G 研究并组建了 6G 研究小组。2020 年，韩国政府宣布计划于 2028 年在全球率先商用 6G。2022 年，三星公司发布《6G 频谱愿景白皮书》，将重点研究把 92~114.25 GHz 和 130~174.8 GHz 作为 6G 潜在候选频段。

技术研发方面，2019 年 1 月，韩国 LG 宣布设立 6G 实验室。2019 年 6 月，韩国最大的移动运营商 SK 宣布与爱立信和诺基亚建立战略合作伙伴关系，共同研发 6G，推动韩国在 6G 通信市场上提早发展。三星电子也在 2019 年设立了 6G 研究中心，把 6G、AI 等作为未来发力方向。

从全球来看，很多国家 / 地区于 2019 年正式启动 6G 研究，2020 年为加快推动 6G 研究，纷纷加大政策支持和资金投入力度，6G 研究的讨论聚焦在 6G 业务需求、应用愿景与底层无线技术等方向。高应用潜力和高价值关键使能技术的核心专利预先布局，生态系统构建也是目前 6G 研究工作的重点。

4.2 标准组织的技术演进探索

通信标准指设备要实现通信需要遵守的一套公认的信息编码规范。通信标准中有两部分重要内容，即对信息的发送和接收的描述、对信息编码方式的规范。

2G 系统主要使用两种标准，一种是由欧洲电信标准化协会提出的基于 TDMA 的标准，主要有 GSM900、DCS1800、PCS1900 这 3 种系统；另一种则是由美国高通公司主导的基于 CDMA 的标准 IS-95。对于 3G 系统，中国提出的

TD-SCDMA 标准，欧洲诺基亚、爱立信等公司主导的 WCDMA，美国高通主导的 CDMA2000 为全球 3G 的三大标准。4G、5G 系统则在 3G 系统基础上演进出了时分双工（TDD）和频分双工（FDD）两类标准。

2018 年 7 月，国际电信联盟电信标准化部门（ITU Telecommunication Standardization Sector，ITU-T）第 13 研究组成立了 Network 2030 焦点组（FG NET-2030），旨在探索面向 2030 年及以后的新兴信息通信技术（Information and Communication Technology，ICT）的网络需求，以及 IMT-2020（5G）系统的预期进展。

2020 年 2 月，在 ITU-R WP5D 的第 34 次会议上，面向 2030 及 6G 的研究工作正式启动。2022 年 6 月，ITU-R WP5D 第 41 次会议上，ITU-R WP5D 完成了《未来技术趋势研究报告》的撰写，报告内容涉及新维度无线通信、太赫兹通信、无线网络架构等重点技术，该报告是 ITU 组织撰写的首份面向 2030 年及以后 IMT 无线技术发展趋势的研究报告。2023 年 6 月，ITU-R WP5D 第 44 次会议上，ITU-R WP5D 完成了《IMT 面向 2030 及未来发展的框架和总体目标建议书》。该建议书提出了面向 2030 及未来的 6G 系统将推动实现包容性、泛在连接、可持续性、创新性等七大目标，定义了 6G 的峰值数据速率、用户体验数据速率、频谱效率等 15 个能力指标。

小贴士

什么是 IMT-2020、IMT-2030？

IMT 即 International Mobile Telecommunications，国际移动通信。IMT-2020 指在 2020 年商用的移动通信技术。2015 年 10 月，在瑞士日内瓦召开的无线电通信全会上，ITU-R 正式批准了 3 项有利于推进未来 5G 研究进程的决议，并正式确定了 5G 的法定名称是 IMT-2020。

IMT-2030（6G）推进组于 2019 年 6 月由工业和信息化部推动成立，组织架构基于原 IMT-2020（5G）推进组，成员包括中国主要的运营商、制造商、高校和研究机构。推进组是聚合中国产学研用力量、推动中国第六代移动通信技术研究和开展国际交流与合作的主要平台。

小结

本章描述了世界各国各地区政府及组织的 6G 发展进程，以及标准组织的技术演进探索。从全球来看，很多国家 / 地区于 2019 年正式启动 6G 研究，ITU 面向 2030 及 6G 的研究工作也已经正式开始。面向未来，全球 6G 发展进程将不断提速，为社会发展提供便利。

第三部分

· 6G 的特征和指标 ·

■

相较于 5G 的高速度、无所不在的网络连接、低功耗、低时延等特点，6G 有哪些特点？

KPI 是描述系统关键性能的指标，是评估技术质量的重要手段。为满足 5G 多样化的应用场景需求，5G 的 KPI 更加多元化，那么 6G 在关键性能指标上会有哪些新提升？

第 5 章　6G 网络特征

为了实现 6G 网络更优的性能指标，扩展更加广泛的应用场景，6G 网络将在目前 5G 网络发展的基础上，发生新的模式转变，举例如下。

- 覆盖全球全域，利用卫星通信、无人机通信、地面通信和海洋通信，实现一体化全网络。
- 实现全频谱极致连接，所有频谱，包括毫米波、太赫兹波和可见光等，将被充分探索。
- 实现算网一体，将与通信、计算、控制/缓存和 AI 技术相结合，以实现更高的智能性。
- 开发物理层和网络层的 6G 网络时，还将考虑内生网络的安全性、可持续性。

6G 网络的特征可以概括为全域融合、极致连接、弹性开放、智能原生、数字孪生、算网一体、安全可信、绿色共享，如图 5-1 所示，下面逐一阐述。

图 5-1　6G 网络特征

5.1　全域融合

为了在全球范围内提供真正无所不在的无线通信服务，需要构建一体化网络以实现全球连通性，并允许各种应用程序访问，为任何人、任何物体在任何地点、任何时间，以任何方式提供信息服务，实现各类用户接入与应用。

6G 将实现全球全域的低成本、无差异的、无所不在的连接，以及多种网络、多种系统的协同管理，提高整体资源的利用率，实现全空间域网络融合、全频域资源融合、物理世界与虚拟世界融合。

在宏观领域，6G 网络将突破空间的限制，形成 ASGO-IN，消除地面偏远地区与发达地区的数字鸿沟，促进数字化社会经济的和谐发展；能够实现高低频、宽窄带全频谱资源的灵活配置和动态调度，充分融合或协同其他通信系统，如固网宽带、无线保真（Wireless Fidelity，Wi-Fi）等系统，支持多样终端形态，为用户提供更广泛、灵活的协同接入和无差别的业务体验。

在微观领域，6G 网络将突破微观、抽象和生物环境限制并延伸至所有物理维度，广泛地支持通信感知融合、虚拟世界和物理世界融合等，深入人类感知空间等微观空间。

如图 5-2 所示，空天地海一体化网络由地面通信网络（以基站为代表的陆地蜂窝等）、空中通信网络（无人机等）、空间通信网络（卫星等）、海洋通信网络（水下通信设备等）组成。

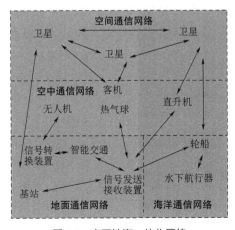

图 5-2 空天地海一体化网络

为了实现覆盖全球、全域的全维度通信系统，6G 网络利用了太赫兹频段穿透性强、带宽大等特点。应用于卫星的太赫兹通信具有传输速度快、传输距离远的优点，因此卫星辅助的无线通信可以提供更大的覆盖范围，并解决高速移动终端的覆盖问题。低轨道卫星通信可以实现较低的传输时延，同时 6G 与卫星通信融合也能解决全维度网络架构对无人机等空中移动节点的众多管理问题。

目前学术界针对 6G 与卫星通信融合提出了 Non-3GPP 和 3GPP 无线电接入技术（Radio Access Technology，RAT）两种接入方式。Non-3GPP 接入是指卫星接入 6G 网络，与地面通信网络共用核心网。3GPP RAT 接入是指卫星作为一种特殊的 6G 基站接入 6G 核心网。

海洋通信网络包括海上无线通信系统、海洋卫星通信系统、基于陆地蜂窝网络的岸基移动通信系统等，它能够保障近海、远海、远洋的船舶与海岸、船舶间的日常通信，而深海远洋通信子网也将被纳入水下 / 深海通信。目前，实现水下无线通信的载波主要有 3 种：声波、电磁波和光波。

例 5-1：空中高速上网

目前，空中上网服务主要有卫星、地面基站两种模式。采用卫星模式，网络服务质量可得到保障，但成本较高；而采用地面基站模式，网络将面临飞机移动速度快带来的高多普勒频移、频繁切换等问题。

6G 将采用全新的通信技术和网络架构，在保障飞机用户的高质量网络体验的基础上，尽可能降低网络使用成本。

例 5-2：全域应急通信抢险

当地震等自然灾害发生、地面通信网络被毁坏时，可以整合空天地海资源，实现多域、随时的应急指挥。借助 6G 网络，可以对空天地海进行实时、动态、多维度监控，提供自然灾害的预警服务。

在有限或没有地面网络覆盖的地区，卫星通信可作为地面网络的补充。无人机通信可以帮助减轻陆地网络负担，在业务量负载需求高的热点区域提供通信服务能力。此外，具有遥感技术的卫星、无人机可以支持监测数据的可靠获取，并协助陆地网络进行资源管理和规划决策。

6G 网络可实现 ASGO-IN，其中水下通信网络支持海洋和深海活动。水下通信表现出与地面网络不同的传播特性，复杂和不可预测的水下环境会带来许多问题，如复杂的网络部署、严重的信号衰减和设备的物理损坏等，需要考虑各种网络间的协调合作。

由于 6G 网络覆盖全域，服务的场景繁多，它还应该根据场景特性进行灵活设计。例如，对于偏远地区，可以考虑使用分布式计算以提高效率，而对于密集城区，可以使用分级管理，或者增强这些地区的通信负载能力。

另外，还需考虑特定网络的技术或者协议在融合时的不兼容性问题，以及不同通信基站的差异性问题，精细地制定个性化策略，从而弥补不足，具体包括以下 4 个方面的内容。

第一，移动性管理，在网络运营和服务供应中，应合理考虑卫星、无人机、船舶、地面用户等各种移动模式。

第二，传输网络协议，其协议套件在地面和卫星网络中广泛使用。但由于协议套件最初是为支持任意网络拓扑的有线网络中的最佳服务而设计的，因此在应用于 6G 网络时需考虑其限制性。

第三，路由策略，低轨卫星网络等的路由策略需进一步探索。

第四，能源性能，与大部分时刻连接到电网的地面基站不同，无人机和卫星由电池和 / 或太阳能提供动力。

小贴士

什么是无人机?

无人机（UAV）是利用无线电遥控设备和自备的程序控制装置操纵的无人飞行器，它也可以由车载计算机完全或间歇地自主操作。无人机诞生于

20 世纪 20 年代，之后不断演进，新翼型和轻型材料的应用延长了无人机的续航时间；先进的通信技术提高了无人机图像传递和数据传输的速度；自动驾驶仪让无人机实现了严谨、精细地按程序飞往盘旋点。无人机在地质、气象、城市管理、农业、电力、抢险救灾等民用领域具备广阔应用空间，在军用方面，因机动性能好、使用方便等优点也具备广阔应用前景。无人机对定位精度、用户隐私数据可信等有较高要求，目前，无人机基于 5G 网络已有一系列应用，但随着 6G 的发展，无人机对网络性能提出更高的要求，在 6G 时代，无人机应用将有进一步扩展。

 ## 5.2 极致连接

极致连接能力首先体现为 6G 网络的小区容量、用户速率、业务时延以及接入用户数量等网络关键性能指标的大幅优化，具体分析如下。

第一，速率与容量方面，6G 网络支持高频通信，更高的系统带宽使 6G 网络的小区容量、用户速率等相比 5G 网络有提升。

传统的专用频谱分配方式使移动通信系统面临频谱需求高但频谱资源严重短缺的矛盾。动态频率分配可以基于情景进行秒级的频率分配，以及 AI、区块链等技术的综合应用，有利于使用较低频段中的无线电频谱，进一步提升频谱使用效能。利用更高频段的载波，以满足更多连接、更加密集的覆盖需求。当太赫兹波、可见光等的频谱用于 6G 网络，需要采用多天线系统以获得更大的吞吐量，大规模天线数量将进一步增多，利用智能超表面可构建新型的分布式天线单元，提供便捷的部署和实时的环境调控。

2022 年，电气电子工程师学会（Institute of Electrical and Electronics Engineers，IEEE）会士毕奇认为，6G 的理论峰值数据速率是 1 Tbit/s。借鉴中国电信当时的

5G 网络运营经验，预计到 2025 年，中国电信用户每天平均流量超过 100 GB。不同的 6G 业务，所需速率不同，以每天 130 GB 的流量为例，各业务所使用的时间见表 5-1。

表 5-1　6G 应用及其对应的流量消耗

6G 应用	所需速率	每天耗尽 130 GB 的时间
4K 视频	15 Mbit/s	19.3 h
8K 增强现实	55 Mbit/s	5.3 h
沉浸式扩展现实	440 Mbit/s	40 min
16K 虚拟现实	1 Gbit/s	17 min
移动全息投影	600 Gbit/s	1.7 s
1 m×1 m 数字孪生	800 Gbit/s	1.3 s
千兆像素全息投影	1 Tbit/s	1 s

来源：2022 年 1 月 IEEE Communication Magazine，第 68 页。

第二，业务时延与可靠性方面，6G 网络支持更小颗粒度的空口调度时间间隔、更高性能的处理硬件，使空口业务时延可以降低到百微秒级以下，同时进一步保障业务的可靠性。

第三，接入用户数方面，6G 网络支持的接入用户密度相比 5G 网络有提升，需要使用新的接入机制来高效处理大量非正交用户数据。目前，业界认为 6G 时代可以采用 NOMA 方式（在 7.4 节将详细介绍），还需要进一步优化信道极化分解方案。

第四，极致连接还体现在物联网技术发展上，在空间范围、信息交互类型方面，物联网的信息交互都将得到极大扩展。物联网需求的未来发展有如下几个方向。

方向一，连接对象活动空间更深度扩展。例如，6G 时代的全息连接，包含全息通信、高保真增强现实 / 虚拟现实等。

方向二，更深入感知交互。通信设备及其连接对象有望趋于智能化，将需要更深入的感知、更实时的响应。

方向三，物理网络世界的深度数据挖掘。通信网络的深度数据挖掘与利用将采用基于 AI 的深度学习等技术。

方向四，深入神经的交互。随着脑机接口（Brain-Computer Interface，BCI）等技术的发展，有望实现思维之间的直接交互。

综上所述，6G 系统的接入需求有望从深度覆盖演变为极致连接。6G 时代，媒体交互形式将可能以高保真增强现实 / 虚拟现实交互为主，甚至包含全息信息交互，用户有望在任何时间和任何地点享受完全沉浸式全息交互体验。

例 5-3：智能工厂

智能工厂利用 6G 网络实时采集工厂内的运行数据，利用边缘计算等技术，在终端侧进行实时数据监测、发送执行命令，所有终端之间还可以采用区块链技术，不需要经过云中心就可以进行直接的数据交互，实现数据的分散传输和存储高度自治，从而提高生产效率。

5.3 弹性开放

2G、3G、4G 主要服务个人用户，提供"尽力而为"的网络体验，5G 则引入切片来提供针对 2B 用户的差异化、定制化服务。

未来，情境化业务将融入更多的人类情感意识，业务动态化程度和不确定性会增加，因此 6G 网络需要提供极致的弹性服务来满足业务感知、情感识别的跟踪与预测需求。

6G 网络需具备快速匹配需求并进行定制与验证的能力，支持全生命周期的管理，同时需要实现网络和业务的融合发展，因此 6G 网络设计需要充分考虑网络的弹性与开放性，利用通用平台及微服务等技术特性，满足业务快速部署、功能及时优化、能力高效开放等需求。

能力开放不仅是指基础设施的能力开放，也指基础服务的能力开放，既包括接入功能、核心功能、应用功能的能力开放，又包括底层的资源（如算力资源）的开放，以及上层服务（如数据、智能化功能）的开放。

5.4 智能原生

云原生是基于分布部署和统一运管的分布式云，是以容器、微服务等技术为基础建立的一套云技术产品体系。云原生是一种新型技术体系，是云计算未来的发展方向。智能原生指网络综合云原生的灵活、开放以及 AI 能力，重构智能服务，实现智慧内生，大幅度提升 6G 网络的通信能力，使 6G 具备原生的智慧能力，从而提供更加丰富多样的业务。

智能原生包含 3 个特征。

第一，6G 网络通信系统的智能化将体现在 6G 网络系统本身，通过与 AI 技术的多层级深度融合，实现在没有人工干预的情况下进行网络自治、自调节以及自演进。

第二，能降低数据收集、传输过程造成的时延和信息泄露风险。

第三，6G 网络架构全面融入 AI、大数据、云计算等技术，是以服务为中心、内生智能的新型架构，能够根据服务需求和网络环境自发地演进，以适应更加复杂多变的应用场景，从而实现"网随业变"。AI 技术以不同的方式融入 6G 网络系统各域中，赋能各数据域，使其具备自主控制和自主调节的能力。例如，在 6G 网络中引入分布式 AI，可使网络实现自运营、自优化，成为"全自动驾驶"网络。

6G 时代，垂直应用的新场景将是智能体交互和虚拟空间互动的场景。其中，智能体是指机器人、无人汽车等可以独立完成推理决策的实体，虚拟空间是指数字孪生等对现实物理世界的模拟重构。随着这些应用场景的发展，6G 时代将探索以人类需求为根本的"一念天地、万物随心、开放可信"的智慧网络。

6G 时代，网络将具备更强的性能、更广的覆盖范围，并且更加绿色智能。MEC 是实现智能无所不在的关键技术之一，它将网络的资源、内容和功能迁移到更靠近终端的位置，由于部分计算、存储和业务功能从数据中心下沉到网络边缘，传输时延将大幅下降，从而能提供更丰富的面向垂直行业的业务。简言之，6G 将走向"在网计算"，进而为"智能无所不在"提供算力基础，最终实现网络与计算的深度融合。

6G 时代，不同的应用场景对网络服务的需求不同，因此，也就对网络性能优化的自适应性和智能化水平提出了更高的要求。人工智能可以实现感知网络流量、资源利用、用户需求和潜在威胁的变化等功能，并提供智能协调。机器学习方法也可用于优化无线网络的物理层，以重新设计目前的网络系统。目前，以深度学习和知识图谱为代表的人工智能技术正在迅速发展，通过将人工智能技术引入网络，将对网络及其相关用户、服务和环境的多维主客观要素进行表征、构建、学习、应用、更新和反馈。在获取知识的基础上，还可以实现网络的立体感知、决策推理和动态调整。

5.5 数字孪生

数字孪生是指物理系统或生物实体的人工智能虚拟孪生体，通过实体与孪生体间的无缝连接、一一对应，以及进行实时数据交换，借助人工智能与大数据技术，在实体全生命周期内，实现对实体的实时监控、控制、优化、预测和决策改进。

如果说 5G 网络结合高速发展的传感技术，使得人类能够更精细化地了解世界，为数字孪生世界打通现实至虚拟的感知通道，那么 6G 网络将结合后续的机器人和自动化技术，利用网络所提供的可靠通道，对世界进行更精准的改造，进一步为数字孪生世界打通虚拟至现实的操控通道。随着未来 6G 网络能力的增强，数字城市、数字孪生工厂、智慧医疗等众多领域都会获得大跨步的进步，数字孪生世界将逐步得以实现。6G 网络提供"万物智联"，并提供高效、可靠的数据通道，使得数字孪生世界能够从目前的侧重收集与还原现实世界，进化到未来的侧重操控现实世界。

例 5-4：人体健康预测

随着 6G 网络、生物科学等的发展，通过大量智能传感器在人体的广泛应用，对人体重要器官、神经系统等进行精确、实时的"镜像映射"，来实现人体个性化健康数据的实时监测。

5.6 算网一体

算网一体指网络与计算深度融合。过去，业务对计算力的高需求主要体现在各类媒体处理方面，如视频编解码、视频渲染等。未来，伴随着业务场景的拓展，以及新型业务带来的新维度的性能要求，对计算力的需求将拓展到物理层感知、深度学习方法的视频感知等无所不在的感知类，以及人与智能体、多智能体间的博弈计算及深度强化学习类。

2019 年，业界提出了算力网络的理念，倡导将算力融入网络，以网络作为纽带，融合人工智能、大数据、区块链等技术，使算力通过网络连接，实现云、边、端的最优化协同与调度，最终实现有网即有算。未来，6G 需要充分考虑基于整体的算力架构，打造包括算力基础设施、分布式编排管理、运营服务等的多层算力网络，设计全新的网络标准接口，结合分布式人工智能、可编程数据面、新型承载网络及传输协议等，实现算力的协同与流动，以及全网的算力无所不在，为各类业务以及高度智能化系统提供所需的基础设施。

6G 的"全域融合"时代，在空天地海全域会有大量的互联终端设备。利用传感器的实时感知与智能计算能力，智能终端设备侧有望从单设备、多设备正式走向分布式和分散模式，为 6G 的异构、多终端实时感知计算提供大力的支持。

 ## 5.7 安全可信

5G 网络安全防护从防御者视角出发，通过建立"围墙"抵御入侵，是典型的"外挂式"的安全防护。

6G 网络的安全可信则包括安全和可信两个方面，在 5G 网络外挂式网络安全模式的基础上，更加强调安全可信的内生。

网络安全方面，6G 网络需要以对抗网络杀伤链攻击为目标，将外挂式的安全防护转化为内生的安全能力，建立面向物理硬件、存储数据、网络连接、操作系统乃至应用软件的纵深全域安全防护体系，使网络攻击"进不来、改不了、出不去、逃不掉"。

网络可信方面，6G 网络需要设置从底层数据到应用层终端的软硬件，以及网络传输、网络边界的域内可信和域间信任链传递机制，向物理世界提供面向网络的可信体系。

 ## 5.8 绿色共享

坚持绿色发展才能实现可持续发展，6G 网络的"绿色"设计理念体现如下方面。

第一是绿色生态。强调保护自然生态，促进通信设备与环境融合，同时减少空间资源占用。

第二是节能减排。5G 网络已从多方面实施了节能减排的策略，例如无线设备增加软件节能方式、实现软硬件解耦提高硬件使用率、实现基站网络级节能等。6G 网络将进一步推动无线设备向通用化、开放化发展，提高无线设备的使用率，同时，硬件设备采用更先进的低能耗材料，例如，6G 网络使用金刚石芯片、新型晶体管、石墨烯电池等硬件，这些硬件具备能量更高、成本更低等特性。

为了实现降本增效和绿色发展，5G 网络以共建共享的方式进行建设，6G 网络的"共享"理念更能体现共享的本质，即以有限资源服务更多群体。在共享内容方面，6G 网络不仅共享站址和设备，还有望共享算力和频谱等其他资源；在共享范围方面，6G 网络的共享将由电信运营商行业之间的共享扩展到与其他行业之间的共享，让共享促就共赢。

小结

本章总结描述了 6G 的 8 个网络特征，这 8 个网络特征相互关联、互相作用，共同促使未来 6G 网络成为完整的有机整体。

移动通信网络不断演进，在新的网络特征、用户和业务需求的基础上，需要挖掘和完善网络关键性能指标的衡量维度。

在 5G 网络的关键性能指标（如频谱效率、移动性等）的基础上，6G 网络需要结合新愿景和新需求实现全维度的性能增强。

2023 年 6 月，ITU-R 5D 工作组（WP5D）发布了《IMT 面向 2030 及未来发展的框架和总体目标建议书》（以下简称《建议书》）。该建议书定义了 IMT-2030 的 15 个能力指标，分别是峰值数据速率、用户体验数据速率、空口时延、区域通信容量、连接密度、移动性、频谱效率、定位精度、可靠性、可持续性、智能化能力、覆盖能力、传感相关能力、互操作性，以及安全、隐私和弹性。

 速率

速率分为每个设备的峰值数据速率、用户体验数据速率等，6G 网络支持毫米波、太赫兹波通信，具有大带宽、高传输速率等特点，峰值数据速率和用户体验数据速率的研究目标将高于 IMT-2020。ITU-R M.2083-0 IMT Vision 中提出 2020 年及以后推荐的峰值数据速率为 20 Gbit/s，推荐的用户体验数据速率为 100 Mbit/s。《建议书》给出每个设备的峰值数据速率为 50 Gbit/s、100 Gbit/s、200 Gbit/s 的值作为特定场景的示例，给出用户体验数据速率为 300 Mbit/s、500 Mbit/s 的可能示例，同时也探索和考虑更高的速率的示例。

6.2 空口时延

空口时延指在无线网络中，数据包从发送端发出到接收端正确接收的时间差。在保障相同业务可靠性的情况下，6G 网络的空口时延较 IMT-2020 将进一步减小，比如工业互联网场景等的时延需求应该是在亚毫秒级，预测 6G 网络在同样场景下的时延将明显下降，可达 0.1~1 ms，因此 6G 网络需要进一步提升硬件处理能力。

 6.3 区域通信容量

6G 网络具有高频段、大带宽、连接用户数多的特点，网络容量将大幅提升，区域通信容量的研究目标将高于 IMT-2020。ITU-R M.2083-0 IMT Vision 中提出 2020 年及以后推荐的区域通信容量为 10 Mbit/（s·m^2）。《建议书》给出了 30 Mbit/（s·m^2）、50 Mbit/（s·m^2）的可能示例，同时也探索和考虑更高的区域通信容量的示例。

 6.4 连接密度

6G 无线网络将实现空天地海一体化的无缝连接，需要 6G 网络进一步提高连接密度。连接密度指在单位面积上支持的各类在线设备的总和。以智能穿戴设备为例，在 6G 时代，每人可能配有具备直接网络连接能力的 1 到 2 部手机、1 块手表、若干部贴身的健康监测仪、2 个置于鞋底的运动检测仪等，这使得 6G 网络的连接密度较 IMT-2020 大幅上升。《建议书》提出 6G 网络的最大连接密度的研究目标是 1 亿个连接 /km^2。

6.5 移动性

移动性是移动通信系统基本的性能指标，指特定移动场景下，满足一定服务质量，在不同层和 / 或无线接入技术之间实现无缝切换的最大移动速度。IMT-2020 要求能够支持身处速度高达 500 km/h 的高铁上的乘客的接入，而 6G 网络需要支持运行中的高铁、飞机上的乘客的接入，民航飞机的飞行速度一般是 800~1000 km/h，《建议书》提出 6G 网络移动性的研究目标是 500~1000 km/h。

6.6 频谱效率

频谱效率衡量指标包括小区级上行 / 下行峰值频谱效率、平均频谱效率以及用户级体验频谱效率阵子。例如，IMT-2020 的峰值频谱效率（单位带宽的传输速率）在 64QAM、192 天线阵子、16 流并考虑编码的增益的情况下，理论频谱效率极限值为 100 bit/（s·Hz）；而在 6G 时代，如果 1024QAM、1024 天线振子结合电磁波轨道角动量（Orbital Angular Momentum，OAM）的多流及波束成形技术，理论推算频谱效率可以达到 200 bit/（s·Hz），6G 网络的频谱效率指标将进一步提高。《建议书》给出 IMT-2030 的网络频谱效率达到 IMT-2020 网络频谱效率的 1.5 倍和 3 倍的示例，同时也探索和考虑更高的频谱效率的示例。

6.7 定位精度

定位精度指计算所得到的水平 / 垂直位置与设备实际水平 / 垂直位置之间的差异。例如，传统的全球定位系统（Global Positioning System，GPS）和蜂窝多点定位系统难以实现室内场景的精准定位，6G 网络可以实现对物联网设备的高精度定位。《建议书》提出 6G 定位精度的研究目标为 1~10 cm。

可靠性

空中接口的可靠性指在预定时间内以给定功率成功传输定义数据量的能力。《建议书》提出 6G 可靠性（空口）的研究目标是差错率 $1 \times 10^{-7} \sim 1 \times 10^{-5}$，即可靠性要达到 99.999%~99.99999%。

 ## 可持续性

可持续性是指网络和设备在其整个生命周期中最大限度地减少温室气体排放和其他环境影响的能力，例如通过资源高效调度实现低能耗运行，通过定期更换陈旧设备或故障设备等来提高能源效率。

能源效率是指每消耗单位能量可以传送的数据量，在城市环境中，通常用每焦耳传递的信息比特（bit/J）来衡量这一指标。6G 网络能效需要支持有负载场景下的高效的数据传输和无负载场景下的低能耗运行，6G 网络在支持系统休眠的基础上，支持更灵活的休眠态与激活态调整，因此需要更低的状态转换时延，其网络能效比 IMT-2020 高。

 ## 智能化能力

除了传统通信类指标的提升外，6G 网络还将演进和衍生出更多衡量维度，既包括比较具体的维度，如感知技术融合后衍生的感知灵敏度等，也包括抽象能力的维度，比如智能和安全信任能力的衡量、算力评估等。

从智能原生的能力来看，6G 网络将在系统架构和协议栈设计时，考虑 AI 相关需求并对其做标准化。为了在设计相关技术标准和协议时定量化对比某些技术的智能化程度，还需要具备各项智能内生能力的量化对比功能。6G 将与人工智能、机器学习等技术深度融合，有望实现智能传感、智能定位、智能资源分配、智能接口切换等，最大限度实现智能化。

 ## 覆盖能力

覆盖能力是指在所需服务区域内为用户提供通信服务访问的能力。6G 将通过卫星互联网通信等技术，解决海洋、沙漠等偏远地区的通信问题，真正实现空天地海一体化的全球无缝覆盖。

 ## 传感相关能力

无线电接口提供感知功能的能力，包括目标检测、定位等功能，这些功能可以从准确性、分辨率、检测率等方面进行衡量。6G 将与人工智能等技术深度融合，还有望实现智能传感。

 ## 互操作性

未来网络系统将使用透明的、兼容的、标准化的互操作接口，确保来自相同或不同的成员的网络不同的组成部分可以组建功能完备的网络系统，从而实现协同工作。

 ## 安全、隐私和弹性

安全、隐私和弹性包括维护信息的机密性、完整性和可用性，对个人信息的保护，以及网络与系统在自然或人为干扰期间和之后持续正常运行的能力。

从安全信任的能力来看，6G 网络将包含网络态势感知的多维度性能指标，以及对网络风险进行分析评估的系列指标，使网络可以具体量化地感知网络态势和评估网络风险，及时更新安全防护策略。另外，还需要对用户和业务的安全需求进行具体划分、定级，将其映射至具体量化的维度和指标，来保证网络安全可信。

表 6-1 列出了 IMT-2030 部分关键性能指标。

表 6-1　IMT-2030 部分关键性能指标

项目	IMT-2030 能力指标
峰值数据速率	高于 IMT-2020 的指标
用户体验数据速率	高于 IMT-2020 的指标
空口时延	0.1~1 ms，接近实时处理海量数据时延
区域通信容量	高于 IMT-2020 的指标
连接密度	100 万~1 亿个连接 $/km^2$
移动性	500~1000 km/h
频谱效率	高于 IMT-2020 的指标
定位精度	1~10 cm
可靠性	99.999%~99.99999%
可持续性	能源效率高于 IMT-2020
智能化能力	引入人工智能等

上述指标分析是基于业务需求的 6G 网络能力指标体系的理想预期分析，基于该预期分析，业界正在讨论和考虑使能满足上述需求的关键技术，最终网络能力指标体系受限于相关关键技术的突破和发展。

小结

本章分析了 6G 网络的关键性能指标，并对 6G 网络的关键指标进行了剖析，6G 丰富的多维度网络指标体系需要满足多样化用户和业务应用需求。

第四部分

·6G 设计的潜在技术·

■

6G 关键性能指标的大幅提升，得益于各项关键技术的长期积累和创新发展。

本部分将介绍 6G 设计的潜在技术，分为空口设计、网络架构设计和产业链设计 3 个方面的内容，以帮助读者深入理解 6G 的相关内容。

第 7 章　6G 空口设计的潜在技术

新空口（NR）与 LTE 相比，在性能、效率、灵活性、可扩展性等方面均有显著提升。6G 网络的新功能、新应用、新需求等给空口设计带来了挑战，因此需要充分考虑空口设计的潜在技术，以满足发展的需求。

7.1　新空口架构

由第 5 章可知，6G 网络的特征之一是智能原生，6G 全面引入了 AI 技术。在空口设计上，智能协议、信令机制是 AI 使能 6G 个性化空口的重要组成部分，主要包括如下 3 个方面的内容。

第一，AI 技术赋能智能物理层。通过 AI 技术，可以实现将译码建模成分类任务，设计适合特定应用场景的星座以降低解调复杂度，优化天线选择和波束赋形等。AI 技术在物理层起到了设计自动化的作用，来提高物理层的适应性、灵活度，以及提升无线链路性能。

第二，AI 技术赋能智能数据链路层。目前，无线通信系统中，多个基站需要联合决策，因此需要多智能体在深度强化学习后进行联合优化，以提升系统性能。通过 AI 技术，可以实现短时间内更准确地学习环境变化，从而控制波束，实现多智能体协同，主动在调制和编码方案、收发模式等方面做出最佳选择，通过空口算法和参数在线调整、收发机跨模块的参数联调和跨实体的协同，提升网络性能。

第三，AI 技术赋能智能协议和信令。通过 AI 技术，可以设计出具有超高灵活性的帧结构，根据场景的不同需求定制波形参数和传输时间，以达到简化流程、实现信道开销最小化的效果。另外，在频谱利用方面，可以采用不同频段多接入点的全自由度双工（Free Duplex）技术，该技术将在 7.6 节阐述，在此不赘述。

小贴士

多智能体是什么？

多智能体理论是目前计算机领域中的研究热点之一。智能体是具有自适应性和智能性的实体，以主动服务的方式完成工作。这种实体可以是智能设备、智能软件、智能计算机系统等，甚至可以是人。

为了将大而复杂的系统建设成小的、彼此互相通信和协调的、易于管理的系统，提出了构建多智能体系统的方案。多智能体系统是多个智能体的集合。多智能体系统协同控制算法起源于计算机领域关于分布式计算的研究，随着人工智能的发展，多智能体强化学习在通信等多个领域被广泛应用。例如，基站可以看成智能体，基站与相邻的小区间存在两两切换关系，可以看成多智能体相互关联、协同工作，因此相邻基站间需要协同决策。

 新波形

前文介绍了理想信道传输相关技术，在实际通信信道中，接收到的信号是来自不同的传播路径的信号之和，这会产生多径效应，引起严重的符号间干扰（Intersymbol Interference，ISI）和信道间干扰（Interchannel Interference，ICI），通常使用信道均衡技术来解决多径衰落问题，而随着传输带宽的逐渐增加，信道均衡器的设计复杂度和成本也逐渐增加，通过信号波形设计有望有效地对抗多径时延扩展。

信号波形设计的目的是把数字信号映射到适合无线信道传输的具体波形上，每一代通信技术波形设计不尽相同，目前业界推荐的主要波形分为单载波波形和多载波波形。两种波形各有特点。

单载波波形的特点如下。

第一，具有较低的峰值平均功率比（Peak to Average Power Ratio，PAPR）可提高功率放大器的效率，同时可以延长续航时间。

第二，在多径环境（指无线电信号从发射天线经过多条路径到达接收天线的传播现象）下，由于多径效应及码间干扰的存在，信号误码率会升高，需要采用信道均衡技术才能实现更高的频谱效率。

多载波波形的特点如下。

第一，支持多路正交子载波的传输。

第二，易与 MIMO 集成，实现更高的频谱效率和灵活的资源分配。

由上述两种波形比较可知，多载波波形的频谱效率高，但不同子载波的信号会随机叠加在一起，导致 PAPR 较高。单载波波形在 PAPR 方面更有优势，对相位噪声的鲁棒性（指系统在不确定性的扰动下具有保持某种性能不变的能力）好，但它在多径环境下想要实现更高的频谱效率，就需要采用信道均衡技术，这限制了其应用范围。

实际应用中，根据相关协议规定，最小频移键控（Minimum Frequency-shift Keying，MSK）和高斯最小频移键控等使用的是单载波波形；循环前缀正交频分复用（Cyclic Prefix-Orthogonal Frequency-Division Multiplexing，CP-OFDM）、通用滤波多载波（Universal Filtered Multi-Carrier，UFMC）、滤波器组多载波（Filter Bank Multi-Carrier，FBMC）等使用的是多载波波形。

7.2.1 OFDM

OFDM 是多载波数字调制技术。在 OFDM 系统中，各个子载波时域正交，频谱相互重叠，因而具有较高的频谱利用率。由于无线信道的多径效应会形成符号间干扰（ISI），可以在符号间插入保护间隔来消除符号间干扰，但是这破坏了子载波间的正交性，会产生载波间干扰（Inter-Carrier Interference，ICI），因此插入循环前缀（CP）的正交频分复用（OFDM）即循环前缀 OFDM（CP-OFDM）应运而生。

另外，在通信系统中，为了获取实时准确的信道状态信息，需要准确高效的信道估计方法。OFDM 常用的信道估计方法是基于导频的信道估计方法，即发送端在发送信号中选定某些固定的位置插入已知的训练序列，接收端根据接收到的经过信道衰减的训练序列和发送端插入的训练序列之间的关系，得到上述信道响应的估计，然后运用内插技术得到其他位置的信道响应估计。

基于导频的信道估计 OFDM 系统如图 7-1 所示。输入端的输入数据经多进制调制后进行串并变换，在特定时间和频率的子载波上插入导频符号，进行 IFFT 运算，将频域信号转换为时域信号。对于经 IFFT 变换后的数据，为避免多径带来的符号间干扰，在每个 OFDM 符号前添加长度为 T_g 的 CP，经载波调制后变成模拟信号，在信道中传输。接收端执行与发送端相反的过程。

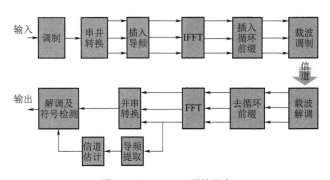

图 7-1 CP-OFDM 系统示意

OFDM 系统的优点是让高速率数据流通过串并转换，来减少由无线信道的时间弥散带来的符号间干扰，降低了接收机内均衡的复杂度。各个子载波之间的正交性允许子信道的频谱相互重叠，从而显著提高频谱资源利用率；由于 OFDM 信号具有特殊的频域结构和子载波间隔，可以采用 IFFT、FFT 来快速实现调制和解调。

OFDM 系统的缺点是在传输过程中会出现无线信号频谱偏移，或者发射机与接收机本地振荡器之间的频谱偏移，这将影响 OFDM 系统子载波间的正交性，导致载波间干扰。时域上，OFDM 信道是 N 个正交子载波信号的叠加，当 N 个信号均以峰值叠加时，瞬时功率将达到峰值功率，该峰值功率远高于信号的平均功率，将导致较高的 PAPR。为了无失真地传输具有较高 PAPR 的 OFDM 信号，发送端要求高功率放大器具有较高的线性度，接收端也要求前端放大器以及模数转换器具有较高的线性度。这里高功率放大器的线性度用于衡量输出信号与输入信号之间的比例关系是否保持不变。输入信号的波形可能会经过多次放大，高功率放大器的线性度会影响输入信号的失真情况，从而影响输出信号的质量。

基于 OFDM 的优缺点，对 OFDM 系统的关键技术总结如下。

（1）时域和频域同步

同步是指通信系统中接收机必须具有或达到和发射机一致或者统一的参数标准。基站根据移动终端发送的子载波携带的信息来提取时域、频域的同步信号，接着将其发回给移动终端，以保证与移动终端的同步。OFDM 系统对定时和频率偏移敏感，在实际应用中必须使用同步技术。

（2）信道估计

信道估计是从接收数据中将假定的某个信道模型的参数估计出来的过程。需要不断发送导频信息来保证持续对信道进行跟踪。另外，为了保证信道估计性能，需要复杂度较低、导频跟踪能力良好的信道估计器。

（3）信道编码和交织

可以采用信道编码来减小衰落信道中的随机错误对信号的影响。采用交织技术来减小衰落信道中的突发错误对信号的影响。

（4）降低 PAPR

需探索降低 OFDM 系统中 PAPR 的方法，例如基于信号空间扩展等。

（5）减少符号间干扰

在高度散射的信道中，如果希望符号间干扰尽量不出现，循环前缀的长度需要足够长。

将 OFDM 和 FDMA 技术结合形成的 OFDMA 技术是最常见的 OFDM 多址技术。OFDMA 在 LTE 中的应用如图 7-2 所示。

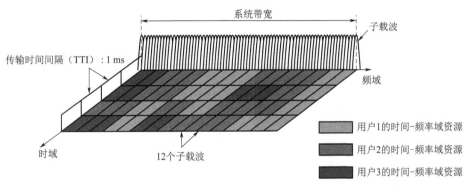

图 7-2　OFDMA 在 LTE 中的应用

对循环前缀的作用有了一定了解后，我们来深入探索循环前缀的原理。

多径时延是指发射机发送的信号经过不同长度的路径到达接收机所引起的时间延迟。多径时延会产生符号间干扰，严重影响数字信号的传输质量。多径时延还会破坏 OFDM 系统中子载波的正交性，产生信道间干扰，影响接收端的解调性能。

多径时延的解决方案是引入循环前缀来减少符号间干扰和信道间干扰。在每个 OFDM 符号之间插入循环前缀（循环前缀的长度 T_g 一般大于无线信道中最大的多径时延），以避免一个符号对下一个符号的干扰。将每个 OFDM 符号后的时间 T_g 中的样值复制到 OFDM 符号的前面来形成循环前缀（CP），CP 使一个符号周期内因多径产生的波形为完整的正弦波，从而消除载波间干扰，如图 7-3 所示。

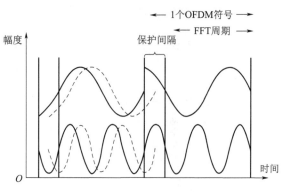

图 7-3 OFDM 抗多径时延原理示意

必须保证在 FFT 周期内 OFDM 符号的时延副本内所包含的波形周期个数是整数，以确保各子载波的正交性，从而减少信道间干扰。

随着载波数量的增加，OFDM 信号的带外衰减引起的问题越来越严重，这就需要对 OFDM 符号进行频域上的加窗，从而加快 OFDM 信号的带外衰减，让带外发射的能量足够小，防止对相邻频带造成干扰，但这会增加符号间干扰。加窗的 OFDM 符号由循环前缀、ODFM 符号数据以及符号开头和结尾的加窗区域组成。如图 7-4 所示，前窗肩和后窗肩都有"尾巴"。为了减少符号间干扰，可以通过指定在 OFDM 符号解调之前应用的符号采样偏移来对齐信号采样时序。

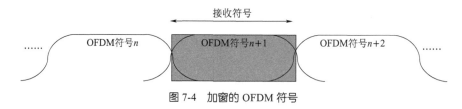

图 7-4 加窗的 OFDM 符号

目前，4G 和 5G 通信系统在 6 GHz 以下频段均面临较大的多径衰落。为了解决这个问题，LTE 和新空口标准都采用了 OFDM 波形，该波形可与 MIMO 一起使用，以提高频谱效率，但双选择性信道（频率选择性衰落和时间选择性衰落信道，简称双选信道）具有高时延和高多普勒频移。在 6G 系统中，需要引入新的波形和调制方案，在进行 6G 系统的波形和调制方案设计时，需要考虑如下需求。

- 多应用场景，包括 eMBB、mMTC 等场景。
- 高频谱效率，以满足 eMBB 场景数据流量剧增的需求。
- 广覆盖，以满足覆盖需求。
- MIMO 兼容性好，频谱效率高。
- 复杂度低，实现简单，效能高。

下面列举业界关注度较高的部分波形和调制方式。

7.2.2 F-OFDM

F-OFDM 是多载波数字调制技术。它将 OFDM 载波带宽划分成多个不同参数的子带，并对子带进行滤波，在子带间尽量留出较少的隔离频带。具体来说，OFDM 通过加窗来加快 OFDM 信号的带外衰减，但带外能量辐射是不可避免的，同时发射信号在经过功率放大器时，由于放大器的非线性特性，会带来带外功率泄漏。当 OFDM 信号使用不同的系统参数或 OFDM 信号之间存在异步传输时，可以使用子带滤波来抑制子频带间干扰。使用子带滤波可以减少带外泄漏，但会破坏每个子频带中连续 OFDM 符号之间的时域正交性。

与 OFDM 系统相比，F-OFDM 系统的优点如下：

- 允许子频带间使用不同的系统参数，具有更低的带外功率泄漏；
- 当两个相邻的 OFDM 信号存在异步传输时，子频带干扰较小；
- F-OFDM 系统可以支持同步／异步混合系统，但需要解决相邻用户之间的干扰管理的问题。

在使用 F-OFDM 技术时，可在选定的子频带中采用单载波波形来实现低功耗、广覆盖的物联网业务；可以采用更短的传输时隙长度来实现较低的空口时延；可以采用更小的子载波间隔、更长的循环前缀来对抗多径效应。F-OFDM 系统的收发结构如图 7-5 所示，F-OFDM 系统与传统的 OFDM 系统的主要差异是在发送端和接收端增加了滤波器。在发送端，终端先对输入信号进行编码及载波映射，然后进行 N_1 点的 IFFT，再对 IFFT 后的数据添加循环前缀得到 OFDM 符号，之后通过子带滤波器得到 F-OFDM 符号，最后将每个子频带发送端的输出数据累加进行信道传输。在接收端，收到信号后，子带滤波器先对各个子频带的信号进行滤波，对不同子带滤波后的数据进行 FFT 和去循环前缀的操作，最后进行信号的解调。

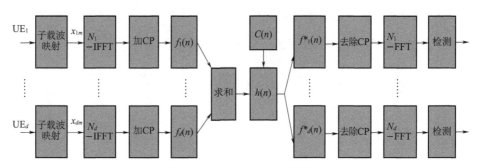

图 7-5　F-OFDM 系统的收发结构

对 OFDM、F-OFDM 的功率谱密度进行对比仿真，结果如图 7-6 所示。为了比较，OFDM、F-OFDM 使用相同的子载波数量，具有相同长度的循环前缀。F-OFDM 在发送端和接收端都为 OFDM 处理增加了滤波，采用 MATLAB 工具，仿真参数如下。计算可得 OFDM 的峰均功率比约为 9.72 dB，F-OFDM 的峰均功率比约为 11.37 dB。F-OFDM 设计的关键是允许滤波器长度超过 F-OFDM 的循环前缀长度。由于使用加窗的滤波器进行设计，产生的符号间干扰被最小化。比较 OFDM 和 F-OFDM 方案的频谱密度图可知，F-OFDM 具有较低的旁瓣，允许更高的分配频谱利用率，从而可以提高频谱效率。

```
numFFT=1024;              % FFT 点数
numRBs=50;               % 资源块数
rbSize=12;               % 每个资源块的子载波数
cplen=72;                % 样本中的循环前缀长度
```

bitsPerSubCarrier=6;		% 64QAM
snrdB=18;		% 信噪比 /dB
L=513;		% 滤波器长度

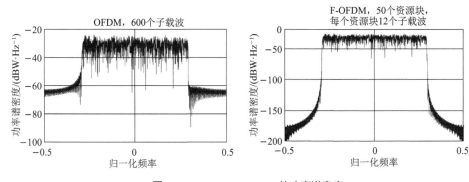

图 7-6 OFDM、F-OFDM 的功率谱密度

7.2.3 FBMC

FBMC 对多载波系统中每个单独的子载波调制信号采用滤波器阵列方式进行滤波。FBMC 采用重叠因子 K，它表示在时域中重叠的多载波符号的数量。

FBMC 系统与 OFDM 系统相比，具有以下优点。

第一，可以根据需要设计原型滤波器的冲击响应和频率响应，由于各载波间不再必须是正交的，因此不需要再插入循环前缀。

第二，能灵活控制各载波之间的交叠程度等，可敏捷地控制相邻子载波之间的干扰，并让部分零散的频谱资源得到有效使用。

第三，可在各子载波上单独处理同步、信道估计、检测等，适用于难以实现各用户之间严格同步的上行链路。

FBMC 的缺点包括由于各载波间不再必须是正交的，因此接收采样时载波间会存在干扰等。实际应用时，FBMC 的多载波性能取决于滤波器，因此，FBMC 技术重要的研究内容是符合要求的滤波器组的快速实现算法。

FBMC 与 偏 移 正 交 幅 度 调 制（Offset Quadrature Amplitude Modulation，OQAM）结合有利于解决相邻子载波干扰，并且循环前缀的省略带来了功率效率上的提升，同时带外衰减也大幅度降低。基于偏移正交幅度调制的滤波器组多载波（Filter Bank Multi-Carrier with Offset Quadrature Amplitude Modulation，FBMC-OQAM）采用多载波波形，它能突破 OFDM 频谱效率低和同步严格的限制。

为了了解 FBMC 的性能，对 OFDM、FBMC 的功率谱密度进行对比仿真，结果如图 7-7 所示（采用 MATLAB 工具，仿真参数如下）。FBMC 使用长度为 $N \times K$ 的 IFFT，符号重叠，延迟为 $N/2$（N 是子载波的数量），采用 OQAM 处理。功率谱密度比较显示，FBMC 较 OFDM 的带外泄漏明显减少。

numFFT=1024;   % FFT 点数

numGuards=212;   % 两侧的防护带数量

k=4;   % 重叠符号

numSymbols=100;   % 符号中的模拟长度

bitsPerSubCarrier=2;   % 4QAM

snrdB=12;   % 信噪比 /dB

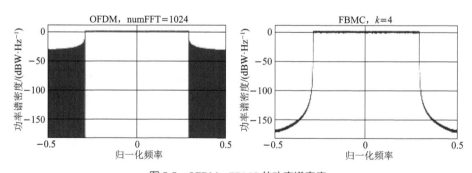

图 7-7 OFDM、FBMC 的功率谱密度

7.2.4 UFMC

FBMC 用优化的滤波阵列代替 OFDM 中的矩形窗函数，带外衰减下降，但

系统帧的长度比较长，不适合对时延要求较高的业务，由此 UFMC 应运而生。

UFMC 结合了 F-OFDM 和 FBMC 两种方案的优势，将滤波器应用于部分连续子载波，将子载波的全频带划分为子频带，每个子频带经滤波器过滤后累加。通过滤波器过滤来减少带外频谱发射，还可以对每个子频带应用相同或不同的滤波器。UFMC 是一种多载波数字调制技术。

UFMC 针对子频带进行滤波、采用传统 QAM，它继承了 FBMC 的很多优点，而且滤波器的长度远短于 FBMC 方案中滤波器的长度，UFMC 还兼容 MIMO、OFDM 系统中采用的信道估计等技术，改善频谱定位，以提高时间同步误差的鲁棒性。

UFMC 的主要技术优点如下。

第一，参数配置灵活。可以对不同用户进行带宽、载波间隔、滤波长度等的差异化配置，载波间无须严格同步和正交。另外，对于碎片化频带的带宽不固定、动态调整等特点，可根据实际需求选择子频带，具有更好的灵活性。同时也更加适合小包数据（指一个数据包内包含的数据字段比较少的情况）的信息传输。

第二，带外功率泄漏少。对连续载波构成的子频带进行滤波处理，相邻用户子频带间的信号干扰明显减少，可进一步提高频谱效率。

另外，由于 UFMC 技术使用的滤波器长度较短，滤波器实现相对容易，更适用于 IoT 等的信息传输过程中设备间的短时突发通信。

UFMC 与 OFDM 相比，由于 UFMC 缺少循环前缀，其解调过程更复杂，因此对定时同步更敏感，需要注意其适合的应用场景。OFDM、UFMC 的功率谱密度如图 7-8 所示（采用 MATLAB 工具，仿真参数如下），对每个子频带使用相同的滤波器，使用具有参数化旁瓣衰减的切比雪夫窗口来过滤每个子频带的 IFFT 输出，可得 UFMC 的 PAPR 约为 8.24 dB，OFDM 的 PAPR 约为 8.88 dB。

```
numFFT=512;              % FFT 点数
subbandSize=20;          % 子频带大小
```

```
numSubbands=10;              % 子频带数量
subbandOffset=156;           % 子频带偏移
filterLen=43;                % 滤波器长度
slobeAtten=40;               % 旁瓣衰减 /dB
bitsPerSubCarrier=4;         % 16QAM
snrdB=15;                    % 信噪比 /dB
```

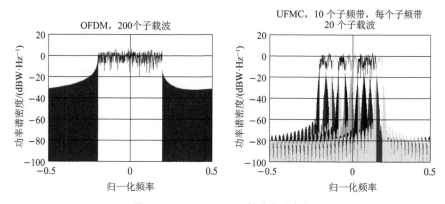

图 7-8　OFDM、UFMC 的功率谱密度

可见 UFMC 具有较低的旁瓣，这允许更高的分配频谱利用率，从而提高了频谱效率。

7.2.5　OTFS

OFDM 技术具有高频谱效率、抗多径干扰能力等优点，已经在 4G 和 5G 系统中广泛应用，但是如前文所述，OFDM 技术在时频双选信道下性能不佳。高速移动、高频段会带来高多普勒频移，这会严重破坏 OFDM 子载波之间的正交性。5G 系统中的 OFDM 采用了更灵活的子载波间隔设计，但是子载波间隔的增大会导致循环前缀变短，抗多径能力会下降。

6G 将包含更多和更复杂的应用场景、不同的网络需求。设计多种波形类型的组合方案可以满足 6G 不同场景的需求。例如，单载波类型的增强波形可能是太赫兹波场景的较好选择；基于正交时频空间（Orthogonal Time Frequency Space，OTFS）类型的增强波形可能是高多普勒频移场景的较好选择。

OTFS 是多载波数字调制技术，在时频双选信道下，OTFS 技术可以实现高可靠和高速率的数据传输，一般 OTFS 框架如图 7-9 所示。

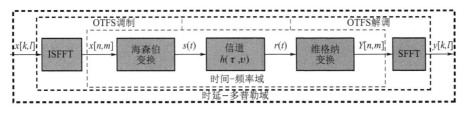

图 7-9　一般 OTFS 框架

通过逆辛有限傅里叶变换（Inverse Symplectic Finite Fourier Transform，ISFFT）将时延 – 多普勒域（DD 域）中的数据符号映射到时间 – 频率域中，再经过海森伯变换（Heisenberg Transform）将其变换为时域信号后，通过无线信道进行传输，接收端对应执行发送端的逆过程，将接收到的时域信号映射到时延 – 多普勒域中进行解调。

OTFS 可以看作一种时频二维扩展技术。发送端 ISFFT 可以通过对 DD 域信号矩阵的列和行分别进行 M 点离散傅里叶变换（Discrete Fourier Transform，DFT）和 N 点逆离散傅里叶变换（Inverse DFT，IDFT）来实现。接收端通过维格纳变换（Wigner Transform）将接收信号从时域转换到时间 – 频率域，再通过辛有限傅里叶变换（Symplectic Finite Fourier Transform，SFFT）从时间 – 频率域变换到 DD 域，使得传输单元中的所有符号都经过几乎相同且变化缓慢的稀疏信道。由于所有调制符号在时间 – 频率域上均匀扩展，因此 OTFS 信号的 PAPR 比 OFDM 的更低。

随着信道编解码性能的提高，网络覆盖率和用户体验数据速率也得到提高，OFDM 与 OTFS 的误比特率（Bit Error Rate，BER）如图 7-10 所示（采用

MATLAB 仿真，采用宽带瑞利衰落、4QAM，主要仿真参数如下），可见，当 SNR 相同时，OTFS 的 BER 远低于 OFDM 的 BER。

UE speed /km/h=120;   % 终端速度

code rate=2/4;   % 码率

Set maximum no.of iterations

for LDPC decoder=25;   % LDPC 解码器的最大迭代次数

Number of simulation repetitions=1;   % 仿真重复次数

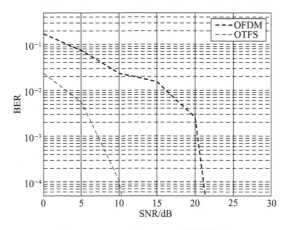

图 7-10   OFDM 与 OTFS 的误比特率

为了评估 OTFS 系统的性能，对不同速率下 OTFS 信道估计进行 BER 仿真，如图 7-11 所示。可见，在高移动性场景下，当 SNR 相同时，OTFS 调制的误码率受多普勒频移的影响很小。

OTFS 中的信道估计在应用中面临多普勒弥散问题。若帧长足够长，多普勒频移的分辨率足够高，则不存在该问题，但在实际应用中，帧长有限，多普勒频移的分辨率不足，导致信道在 DD 域上弥散，此时需要调整导频设计方案，使保护间隔包含最大时延范围内的全部 DD 域。此外，采用非双正交波形时，载波间干扰在 DD 域上表现为时延域符号信道的相位差，该相位差的大小与多普勒频移有关。根据导频信号进行信道估计后，还需要对该相位差进行补偿。

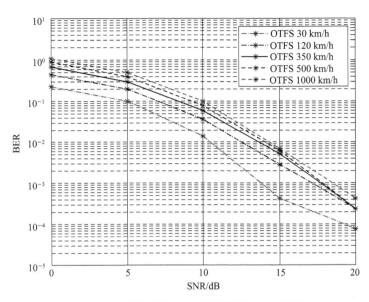

图 7-11　不同速率下 OTFS 信道估计的 BER 仿真

OTFS 接收机可以分为线性接收机和非线性接收机。非线性接收机具有接近最大似然的性能，但复杂度较高，且灵活性较差，而线性接收机虽然复杂度低，但性能有损失。

Cohere 证明，DD 域信道能够达到相干时间为 100 ms、相干带宽为 100 MHz，精确的信号互易性在 DD 域中成立，因此 TDD 是 OTFS 一个很好的选择，由于 DD 域信道的相干带宽显著增加，即使对于采用 FDD 的 OTFS 系统，也能潜在地从上行信道推断下行信道，这显著降低了信道反馈开销。

前文提到，OTFS 在高移动性场景中有巨大潜力，它也被广泛应用于卫星通信中，卫星信道由于其所处环境特殊，具备如下独有的信道特性：

- 信号在卫星信道中的传输过程中会产生多径效应；
- 星地信道属于双选信道，信号多为视距分量，遵循莱斯分布（Rice Distribution）；
- 由于建筑物等的遮挡，会产生阴影效应；

- 在信号传播过程中，由于受雨、雪、云、雾等大气条件的影响，会产生雨衰效应等。

7.2.6 OTSM

OTFS 可以提供良好的误码性能，但作为时频二维扩展技术，它会增加收发器的调制复杂度。因此，业界提出了正交时序复用（Orthogonal Time Sequence Multiplexing，OTSM）技术，它是一种新的单载波调制技术，是序列复用和时分复用的结合。OTSM 沿序列域进行沃尔什－哈达玛逆变换（Inverse Walsh-Hadmard Transform，IWHT），将置于时延－序列域中的信息符号转换为时延－时间域，最后在时域中进行信号传输和接收。

不同离散信息符号域与相应调制方案之间的关系如图 7-12 所示，图中呈现了单载波、OFDM、OTFS、OTSM 的变换关系。信息符号在时延－序列域上进行复用，其中序列定义为每单位时间间隔的过零次数。信息符号被分成块，每个块使用沃尔什－哈达玛变换（Walsh-Hadmard Transform，WHT）进行预编码，然后对样本进行行列交织。例如，降低二维频率－时间域的预编码复杂度的一种解决方案是沿着频率维度做 IFFT，这样预编码可以将频率－时间域的信息直接转换到时延－时间域，从而使频率－时间域的二维预编码简化成时延－时间域的时间维度的一维预编码。

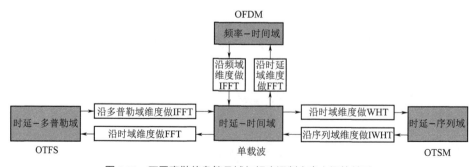

图 7-12 不同离散信息符号域与相应调制方案之间的关系

OTSM 具有调制和解调步骤复杂度低的优点，适用于无线传感器等功耗非常低的无线设备。

由于 OTSM 使用沃尔什 – 哈达玛变换运算，沃尔什 – 哈达玛变换只涉及加法和减法运算，不涉及乘法，计算便捷，因此 OTSM 有着更低的调制复杂度。

OTSM 方案包括检测和信道估计方法，考虑了具有零填充的 OTSM，对匹配滤波高斯 – 赛德尔（Matched Filtered Gauss-Seidel，MFGS）迭代、时频单抽头均衡器（Time Frequency Single Tap Equalizer，TFSTE）、逐块线性最小均方误差（Block Wise Linear Minimum Mean Squared Error，Block Wise LMMSE）检测器这 3 种检测方法进行比较，如图 7-13 所示。当 SNR 相同时，逐块线性最小均方误差检测器的误码率相对较小。

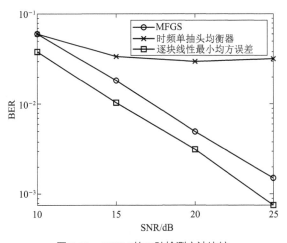

图 7-13　OTSM 的 3 种检测方法比较

　**新编码**

本书第 2 章阐述了信道编码的相关概念，信道编码是无线通信的基础。考虑到未来更加复杂异构的无线通信场景和异构多样的业务需求，需要研究下一代信

道编码机制,需要精细验证和谨慎评估信道编码算法以及硬件芯片实现方案。

目前,业界已经展开包括 AI 技术与编码理论的互补、突破纠错码技术的下一代信道编码机制等的相关研究。在考虑干扰的复杂性基础上,开展多用户信道编码机制的优化,以及 6G 网络多用户 / 多场景的信息传输特性的研究。

由第 2 章中介绍的香农定理可知,对于大规模通信,对信源编码和信道编码进行联合设计,有助于优化 6G 应用性能。业界对信源信道联合编码(Joint Source-Channel Coding,JSCC)展开了一系列研究,包括无线图像 / 视频传输,以及将人工智能与 JSCC 结合起来等。JSCC 的结构如图 7-14 所示。

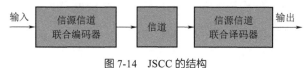

图 7-14　JSCC 的结构

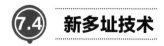

7.4 新多址技术

本书第 1 章阐述了多址的定义。目前业界认为非正交多址接入(NOMA)将成为 6G 的代表性多址接入技术。NOMA 是在发送端采用非正交发送,一个子信道分配给多个用户共享,这样会产生用户间干扰问题,在接收端通过串行干扰消除(Successive Interference Cancellation,SIC)进行多用户检测实现正确解调,同时可以区分用户,因此采用 SIC 技术的接收机复杂度有一定的提高,因此NOMA 技术是用提高接收机的复杂度来换取频谱效率的提高。简言之,NOMA技术以不同功率将多个信息流在时域、频域、码域重叠的信道上传输,用相同的无线资源同时为多个用户提供无线业务。

未来网络面临多用户、多频段、干扰关系复杂等情况,因此在进行信道编码时,需要进行多用户信道编码、干扰消除等技术设计。

新频段

7.5.1 可见光

光无线通信（Optical Wireless Communication，OWC）的频段包括红外线、可见光和紫外线 3 种。OWC 的典型应用场景包括以室内场景为代表的短距离通信、星间链路激光通信和海底通信等。光波不受射频干扰，光束具有高度的指向性，自由空间的光通信依靠高功率、高集中的激光束，可实现长距离高数据速率传输，有助于促进卫星与地面、卫星与卫星等的链接。

可见光通信（Visible Light Communication，VLC）利用荧光灯或发光二极管（Light Emitting Diode，LED）等发出的肉眼看不到的高速明暗闪烁信号来传输信息。采用该技术的系统能够覆盖室内灯光照射的范围，实现照明和高速数据通信。由于 LED 具有高效能、长寿命和快速响应等特性，VLC 适用于无线通信。

基于白光 LED 的可见光通信系统由 LED 发送端、可见光传输信道、LED 接收端组成，如图 7-15 所示。信源经过基带调制、数模转换、电压放大等预处理后，通过 LED 进行强度调制，将电信号转换为光信号，经过可见光信道传输后，将光信号转换为电信号，经过电流放大、模数转换、基带解调，由信宿接收。

发送端通过采用预均衡技术提高 LED 的调制带宽来提高传输速率。发送端还可以设计和采用高阶的调制编码技术来提高传输的频谱效率，进而提高白光 LED 通信系统的传输速率。接收端采用的一系列后均衡措施，可以补偿信道的损耗。

这里还需要说明，白光 LED 阵列发出的光向空间的各个方向传播，由于 LED 光源数量多，发送端到接收端之间会存在多条不同的传播路径，这就会产生时间差，带来符号间干扰。

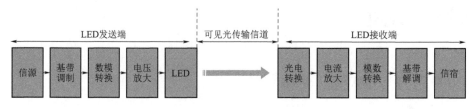

图 7-15　可见光通信系统

目前大多数 VLC 系统是光强调制/直接检测（Intensity Modulation/Direct Detection，IM/DD）系统，采用曼彻斯特编码和通断键控（On-Off Keying，OOK）调制方式。这里的直接检测是一种简单实用的非相干检测方法，指利用光强携带信息，将光强转换为电信号，解调电路检出信息。除了直接检测以外，还有采用光波相干原理的光外差检测，该技术测量精度更高、作用距离更远。

与 VLC 密切相关的两个技术如下，需注意区别。

第一，自由空间光通信（Free Space Optical Communication，FSOC），它不限于可见光，通常不使用 LED 而使用激光二极管进行数据传输。例如，紫外线通信和红外线通信属于自由空间光通信。FSOC 无须铺设线缆即可实现低成本的快捷部署，一般用于没有铺设线缆的楼宇建筑、商用网络，以及应急指挥、抢险救灾等场景。

第二，光保真（Light-Fidelity，Li-Fi）技术，它由德国物理学家哈拉尔德·哈斯（Harald Hass）教授发明。Li-Fi 通常被用来描述高速 VLC。Li-Fi 利用无处不在的 LED 等设备，通过在 LED 上植入一个微小的芯片，形成类似于无线保真的接入点（Access Point，AP）的设备，使终端随时能接入网络。Li-Fi 与无线保真类似，但 Li-Fi 使用光而不是无线电来传输数据。如果用户设备放置在 Li-Fi 热点处，可以将其网络从无线保真系统切换到 Li-Fi 系统，由此可以提高性能。

与无线电通信相比，VLC 具有如下优势。

第一，容量大。可以提供大量潜在的可用频谱，具有超高速传输能力，在信息安全、虚拟现实、雷达等领域的应用前景广阔。

第二，对人体无害。可广泛应用于对电磁干扰敏感的特殊场景，例如加油站等。

第三，保密性好。该技术使用的传输介质是可见光，传输范围限制在用户的视距以内，防止其他人占用 VLC 网络，可保证信息的安全性。

第四，成本低、组网灵活。VLC 系统需要的器件相对较少，LED 等光源的高发光效率使得数据传输要求的功耗微小，可以方便灵活地组建临时网络与通信链路，例如对于地铁等射频信号覆盖盲区场景，可降低网络使用与维护成本，还可构建绿色低碳的新型室内信息网络，为用户提供便捷的室内无线通信服务。

第五，产业链发展前景好。终端侧直接利用摄像头与闪光灯来提供可视化安全认证手段而无须改造现有手机。应用侧可以基于 LED 车灯等构建智能交通管控系统，适用于户外应急设备等应用。

例 7-1：VLC 在智能交通中的应用

目前，业界提出利用可见光通信实现路灯与车辆的信息传递，以及采用 LED 车头灯和车尾灯实现车辆与车辆之间的通信。利用可见光通信，可以实现图 7-16 所示的智能交通网络。

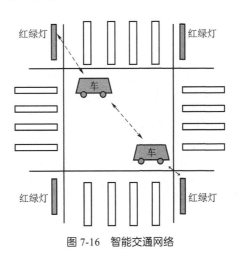

图 7-16　智能交通网络

VLC 与室内信息网络、无人驾驶车辆等新兴重要产业紧密关联，给未来移动通信提供了解决高速、高密度、深度覆盖问题的有效支撑。

目前，VLC 在演进中还面临许多挑战，列举如下。

第一，视距路径。可见光信号通过物体后形成光反射，从而损失能量，导致数据传输速率严重受限。如果光敏接收机以较低的光强水平接收到光信号，则非视距信号的能量、数据传输速率都较低。

第二，发射源。目前 LED 用作 VLC 发射源，但更多的应用是照明，其数据通信特性还不够理想。

第三，多径衰落。宽波束发射后，经过不同的路径产生不同的时延和不同的路径长度，会导致多径衰落，产生符号间干扰。

7.5.2 太赫兹波

由前面各节可知，6G 如果期望有高的速率，需要更高的带宽，那么只有在高频段才可以实现。高频信道传播损耗由 4 个部分组成，具体如图 7-17 所示，以自由空间传播损耗为例，电磁波在穿透任何介质的时候都会有损耗，电磁波在空气中传播时的能量损耗见式（7-1），即自由空间损耗公式。

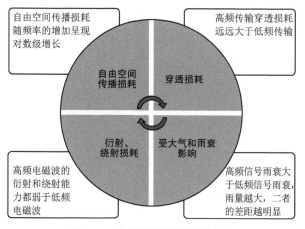

图 7-17 高频信道传播损耗的组成

$$自由空间损耗 =32.4+20 \times \lg D+20 \times \lg F \qquad （7-1）$$

其中，D 表示距离，单位为千米（km）；F 表示频率，单位为兆赫（MHz）。由此可知，在距离一定的情况下，频率越高，损耗（单位为 dB）越大。

太赫兹波是指频率为 0.1~10 THz（波长为 3000~30 μm）的电磁波，如图 7-18 所示，太赫兹波处于电子学向光子学的过渡区。

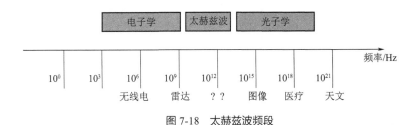

图 7-18 太赫兹波频段

与微波和无线光通信相比，太赫兹通信具有如下优势，从而在宽带无线安全接入等方面有很大的应用空间。

第一，波束更窄、方向性更好，具有更强的抗干扰能力。

第二，频率高、带宽大，能够满足无线宽带传输时对频谱带宽的需求。

第三，波长短，适合采用 Massive MIMO，使用太赫兹波可实现同样大小甚至更小的天线体积。Massive MIMO 提供的波束赋形及空间复用增益可以很好地解决太赫兹波传播时产生的雨衰和大气衰落问题，太赫兹波的 Massive MIMO 将更有益于密集市区场景的覆盖。

第四，能量效率高。太赫兹波的光子能量更低，将其作为信息载体可以获得极高的能量效率。能量效率指有效信息传输速率与信号发射功率的比值。

第五，穿透性强，可以以较小的衰减穿透物质。

第六，在空中传播时极易被空气中的水分吸收。

第七，空间通信。太赫兹波在 450 μm 等波长附近存在相对透明的大气窗口，能够无损耗传输，以极小的功率实现远距离通信。

太赫兹波通信同样面临如下挑战。

第一，覆盖与定向通信。太赫兹波的传播特性以及巨量天线阵子，意味着太赫兹频段相对低频段有较大的自由空间衰落，太赫兹通信采用高度定向的波束信号传播，这种信号需要创新设计和优化。

第二，大尺度衰落特性。太赫兹信号对阴影非常敏感，对覆盖范围影响很大，湿度/降雨衰落对太赫兹通信影响相对较小，可以选择雨衰相对较小的，如140 GHz 等附近太赫兹频段，作为未来太赫兹通信的典型频段。

第三，快速信道波动。在给定的移动速度下，相干时间与载波频率呈线性关系。相干时间是信道传输过程中保持相干的时间，信道传输时会受到多径效应、阴影衰落等多种干扰，相干时间越长，那么接收端就可以越好地还原发送的信号。太赫兹频段的相干时间很短，因此太赫兹频段传输时，信号频带的波动更剧烈。

第四，处理功耗。利用 Massive MIMO 还面临着太赫兹系统模拟/数字转换的功率消耗问题，需要考虑设备的低功耗、低成本的设计和实现所面临的挑战。

未来 6G 系统将会产生海量数据，需要采用更高速率的传输、更高频段的频谱，而频率越高，波长越短，射频器件的尺寸越小，其性能通常越容易受影响。太赫兹频段拥有丰富的频谱，可以实现较小的器件尺寸、超大规模阵列，由于其加工工艺复杂、成本相对较高，在 6G 时代的进一步应用将受到制约。

未来，对于太赫兹通信，需要在如下方面进一步综合探索，期望太赫兹通信在性能、复杂度和功耗之间能实现良好的平衡。

第一，半导体技术，包括射频、模拟基带等。

第二，研究低复杂度、低功耗的高速基带信号处理技术和集成电路设计方法。

第三，调制解调，包括太赫兹直接调制、太赫兹混频调制等。

第四，信道编码、波形，例如能提升太赫兹通信性能的新信道编码方式、新波形。

第五，同步机制，例如高速、高精度的捕获和跟踪机制。

第六，太赫兹空间和地面通信的信道测量与建模。

不同的应用场景对太赫兹通信系统的功能和性能要求不同，技术成熟度不同，标准化进度也存在较大差异。从目前业界进展来看，太赫兹通信的行业研究预计分为以下 3 个阶段。

第一阶段，2020—2025 年，实现太赫兹关键器件的小型化、集成化与低成本，实现效率的提升，开始探索 6G 通信应用场景下太赫兹波的传播特性、信道建模与空口设计。

第二阶段，2026—2028 年，太赫兹通信技术的标准化推动。

第三阶段，2028 年以后，太赫兹通信技术试点应用并逐步推动规模化落地商用。

太赫兹频段与 5G 的 Sub-6G 频段和毫米波频段相比，具有丰富的频段资源优势，太赫兹通信技术与更高频段的毫米波通信技术都是目前 6G 的关键候选频谱技术。

7.5.3 毫米波

毫米波是波长为 1~10 mm 的电磁波，对应的是 30~300 GHz 的无线电频谱。毫米波拥有连续可用的超大带宽，可满足 5G 系统对超大容量和极高速的传输需求。

目前的 5G 毫米波商用系统架构如图 7-19 所示，通常包含核心网（Core Network，CN）、室内基带单元（Building Baseband Unit，BBU）和有源天线单元（Active Antenna Unit，AAU）。它的基本系统架构是一个 CN 支持多个 BBU，每个 BBU 支持多个 AAU。CN 负责数据传输、移动管理和会话管理等；BBU 用于基带数字信号处理；AAU 用于基带数字信号和射频信号之间的转换，实现发射和接收。AAU 主要包括基带部分、上下变频模块、模拟波束成形器。基带部分用于物理层的波束管理等部分的数字信号处理，完成对不同波束覆盖的控制，以及用数字模拟转换器和模拟数字转换器完成信号在模拟域和数字域的转换。上下变频模块实现基带同相正交信号（或中频信号）和毫米波射频信号之间的转换。模拟波束成形器将射频信号能量合理地分配到天线阵列馈电端口来形成特定的波束。

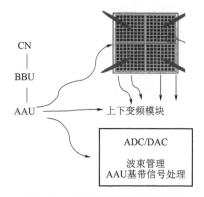

图 7-19　5G 毫米波商用系统架构

　　7.7 节将介绍 Massive MIMO，它是 6G 系统的关键技术之一，可以发掘空间维度上的丰富资源。5G 移动网络创新采用的毫米波通信，拥有更广的频谱信道。毫米波通信和 Massive MIMO 技术结合，有望在未来的通信系统中提供更高的数据速率、吞吐量和更大的容量。

　　目前采用的毫米波 Massive MIMO 系统混合多波束阵列或全数字多波束阵列，在基站侧采用基于对称设计的毫米波混合或者全数字多波束的接收和发射架构，产生增益相同的发射和接收多波束。终端侧的设计与基站侧的类似，区别是阵列规模较小。

　　毫米波频段与太赫兹频段相比，其器件的性能已经明显提高，产业链更丰富完整，其阵列尺寸也相对适中，能够满足 6G 系统大部分的应用需求。但目前，毫米波还存在复杂度高、成本高、功耗大等缺点。为有效弥补毫米波全数字多波束阵列的缺点，支撑动态快速多波束跟踪，业界提出了非对称毫米波 Massive

MIMO 系统概念。

非对称毫米波 Massive MIMO 系统在基站侧分别采用较大 / 较小规模的全数字多波束发射 / 接收阵列，进而形成较窄 / 较宽的发射 / 接收多波束；终端侧可以保持对称形式或采用非对称形式。非对称毫米波 Massive MIMO 阵列不仅保留了对称全数字 Massive MIMO 阵列的优点，还明显降低了系统的复杂度、成本和功耗。

非对称毫米波 Massive MIMO 的特点总结如下。

（1）发射和接收阵列波束不对称

发射 / 接收阵列采用高增益窄波束 / 低增益宽波束，保持链路增益一致或更高。

（2）波束扫描范围大

与对称全数字多波束系统一样，波束扫描范围都较大。

（3）波束对准和管理相对容易

非对称系统接收阵列的数量减少、接收波束较宽，降低了波束对准的难度和波束管理的复杂度。

（4）系统容量大

波束数量增加，可以支持更多的数据流，系统容量增大。

（5）硬件设计复杂度降低

基站侧接收通道数量明显下降，使得硬件成本降低，同时基带信号的处理量减少、处理算法的实现难度明显降低。

同时，我们也要看到非对称毫米波 Massive MIMO 系统面临的挑战。例如，由于采用了非对称的发射和接收阵列，上下行信道非互易。

7.10.1 节中将阐述智能超表面技术，它可以缓解毫米波在非视距的情况下较难实现信号触达的问题，使信号可以绕开障碍物，从而达到扩大覆盖范围的目的。

下一步，上述挑战及应对方案均需要深入探索。

7.6 高效的频谱利用技术

空口设计潜在技术的目标之一是提高频谱效率,使频谱效率尽量逼近信道容量的上限,实现网络理论的峰值数据速率。无线通信业务量需求激增,频谱利用率低,两者存在矛盾,这迫使无线通信标准不断更新变化。未来无线通信革新的目标之一就是进一步提高频谱效率并消除对频谱资源利用方式的限制。这里分别探讨解决上述矛盾的两种技术。

第一,频谱共享(Spectrum Sharing)技术,用于解决不同网络间频谱需求的不均衡问题。

第二,全自由度双工技术,用于解决同一网络内不同节点间、同一节点收发链路间的频谱需求不均衡问题。

1. 频谱共享

(1)5G 时代的频谱共享

以动态频谱共享(Dynamic Spectrum Sharing, DSS)技术为例,DSS 是3GPP 标准组织为了解决频谱拥挤问题而在 Release 15 中推出的一项技术,其关键是基于 4G LTE 和 5G 新空口均采用 OFDM 技术,允许 4G LTE 用户和 5G 新空口用户在同一频带/信道中共存,并允许电信运营商的基站和网络在每个小区的 4G 用户和 5G 用户之间动态分配信道资源。

频谱共享按实现方式可分为静态和动态两种。动态频谱共享指在同一频段内,不同制式的技术进行动态、灵活的频率资源分配,与静态频谱共享为同一频段内不同制式的技术提供专用载波相比,动态频谱共享可以提高频率效率,有利于制式间平滑演进。

频谱共享按频段分配可分为邻频共享和同频共享。邻频/同频共享指新空口系统与 LTE 系统部署在相邻的频谱/共同重叠的频谱上。新空口系统利用 LTE

子帧中的一些资源发送和接收数据。

（2）未来的频谱共享技术

目前，移动网络主要采用授权载波的方式，频谱资源所有者独占频谱使用权限。它的优点是频谱资源所有者可以长期使用资源，有效避免系统间干扰，这种方式对用户的技术指标、使用区域等均有严格的限制和要求。它的缺点是虽然该方式稳定性和可靠性高，但因授权用户独占频段，会带来频谱闲置、利用不充分等问题。频谱资源共享的方式应运而生。

按照频谱资源授权方式，频谱共享分为两类。第一类是非授权频谱共享，用户享有同等但不受保护的频谱使用权限，需要避免和解决相互产生干扰的问题。第二类是动态频谱共享，在保证主要使用该频谱资源的用户不受干扰的前提下，赋予其他使用该频谱资源的用户相应的频谱使用权限，其他使用该频谱资源的用户可使用频谱感知等技术，在空间、时间等不同维度上与主要使用该频谱资源的用户共享该频谱资源。

6G 网络面对极致连接、全域融合等特点，频谱资源需要扩展采用太赫兹、可见光等频谱，也需要在政策允许的情况下，在一定程度上改变频谱使用规则，改变以授权载波使用方式为主的现状，采用更灵活的方式分配和使用频谱，以提高频谱资源利用率。

未来网络频谱共享的实现技术可分为如认知无线电（Cognitive Radio, CR）技术的感知类、频谱池技术共享数据库类，以及将前两类技术结合起来使用共 3 类技术。以认知无线电技术为例，它的目标是解决频谱资源稀缺和授权频谱利用率低等问题，认知用户首先检测无线电环境，再进行频谱接入，因此有效利用无线频谱资源的基本前提是认知无线电接收机迅速、准确地得到可用频谱的信息。通常频谱检测技术包含发送端检测等。以发送端检测为例，发送端需要检测授权用户的微弱信号，来判断该频段是否有授权用户在使用。

6G 的太赫兹频率特性使其网络密度骤增，动态频谱共享采用智能化、分布式的频谱共享接入机制，灵活扩展频谱可用范围，优化频谱使用规则，来满足未来网络频谱资源的使用需求。

结合 6G 的大带宽、超高传输速率、空天地海多场景等需求，基于授权和非授权频段持续优化频谱感知等技术能力，可以推进 AI 与动态频谱共享结合等技术协同发展，有利于实现 6G 网络智能化频谱共享和监管。

另外，卫星运营商通过卫星网络提供广覆盖基础能力，地面电信运营商提供基于太赫兹波、毫米波等的大带宽热点服务，垂直行业基于专用网络设备，通过租赁电信运营商或其他垂直行业授权频段提供专有领域移动网络，也可以通过部署即插即用设备和租赁频段的方式为个人用户及周边区域提供移动通信网络。在多方参与共建、频谱动态共享的 6G 网络中，公平、可信地衡量频谱动态共享状况，实现频谱动态共享交易准确、高效、实时结算，是保障全网稳定运营的关键。基于分布式多方共识和智能合约的区块链技术已经成为保障未来 6G 网络多方共建资源共享的底层技术，图 7-20 所示为基于区块链的 6G 频谱动态共享，多个频谱提供者、频谱需求者共同参与共建、使用 6G 频谱资源。

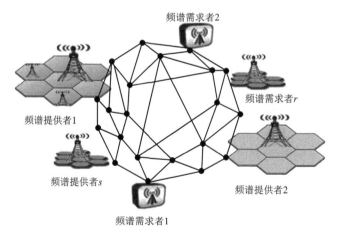

图 7-20　基于区块链的 6G 频谱动态共享示意

2. 全自由度双工

回顾第 2 章中双工技术的定义，TDD 的上下行频率相同，可用于任何频段，适合于上下行非对称及对称业务；FDD 的上下行频率配对，需要成对频段，适合于上下行对称业务。

在理想的网络环境中，一段时间内出现多个数据包的概率服从泊松分布，两个数据包之间的传输时延服从指数分布。在实际网络中，一定时间内上下行链路网络资源利用率是动态波动、不均衡的，可以从双工维度实现上下行链路间灵活的频谱分配以提高频谱资源利用率，这需要改进现有的双工技术。

灵活双工技术可以提高频谱资源的利用率，尤其是在使用不成对频谱时更灵活、适应性更强。但是，灵活双工可能会引入交叉链路干扰（Cross Link Interference，CLI），即上行用户对下行用户的干扰和下行发送基站对上行接收基站的干扰。3GPP Release16 通过交叉链路干扰缓解和远程干扰管理（Remote Interference Management，RIM）的新功能扩展了新空口。借鉴 3GPP Release 16 解决相邻基站交叉链路干扰、解决远端基站间交叉链路干扰两类问题的机制，6G 便可实现摆脱固定双工（FDD/TDD）模式的资源利用限制，支持灵活双工，甚至同时同频全双工。

随着双工技术的进步、工艺的成熟，未来网络的双工方式有望实现不区分 FDD/TDD 的真正全自由度双工模式，根据收发链路间的业务需求，完全灵活、自适应地调度灵活双工或全自由度双工模式。全自由度双工通过收发链路之间时域、频域、空域的灵活的频谱资源共享，有望提高频谱资源利用率。图 7-21 给出了无线移动通信系统双工方式的演进路线。

图 7-21　无线移动通信系统双工方式的演进路线

要实现全自由度双工，关键的技术挑战是突破全双工技术。全双工可以最大限度提升网络和接入设备收发设计的自由度。另外，采用自干扰抑制技术，能够消除 FDD、TDD 资源使用限制，从而提高频谱效率。另外，未来通信的载波以 TDD 载波为主，TDD 的上下行配置更动态灵活、时隙结构更灵活，使用全双工或者部分全双工，来解决 TDD 不能同时传输带来的时延问题，还可为上下行的资源调度提供更高的自由度、更好的灵活性来减小传输时延。业界认为全双工是未来无线通信系统频谱提升的关键候选技术。

全双工涉及的通信理论与工程技术研究已进行多年，在应用过程中，尚需解决大功率动态自干扰信号的抑制等问题。

全双工通信的应用领域十分广泛，主要适用于如下典型应用场景。

第一类是低发射功率场景，包括短距离无线链路和覆盖范围小的微小区，其中短距离无线链路包括 D2D、车对外界的信息交换〔Vehicle to Everything，V2X〕等。

第二类是收发设备复杂度与成本不受限的场景，例如无线中继和无线回传。

第三类是窄波束且空间自由度较高的场景，包括采用 Massive MIMO 的 6 GHz 以下频段及高频毫米波 / 太赫兹频段的通信场景。

7.7 Massive MIMO

随着移动通信使用的无线电波频率的提高，路径损耗加大，一旦频率超过 10 GHz，对非视距传播来说，信号传播的主要方式是反射和散射，在高频场景下，穿过建筑物的穿透损耗明显增大，这使得信号覆盖的难度增加。目前的 Massive MIMO 技术具有如下优点。

1. 提高上行增益

Massive MIMO 具有提高上行增益的作用，如图 7-22 所示，以 5G 4T4R 宏基站（Macro Site）为例，每通道天线增益达 17 dBi 时，天线阵列增益、总增益见式（7-2）和式（7-3）。

$$天线阵列增益 =10\lg4=6（dB）\tag{7-2}$$

$$总增益 =17+6=23（dBi）\tag{7-3}$$

5G 64T64R Massive MIMO 中，每通道天线增益达 9 dBi 时，天线阵列增益、总增益见式（7-4）和式（7-5）。

$$天线阵列增益 =10\times\lg64=18（dB）\tag{7-4}$$

$$总增益 =9+18=27（dBi）\tag{7-5}$$

可见，64T64R Massive MIMO 基站总增益较 4T4R 宏基站提升了 4 dBi。

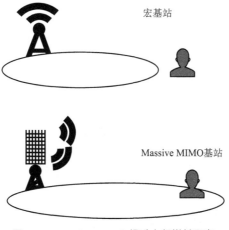

宏基站

Massive MIMO基站

图 7-22　Massive MIMO 提升上行增益示意

2. 3D 波束赋形提高接收信号强度

Massive MIMO 在水平和垂直方向均采用动态的窄波束，扩大了公共信道和控制信道覆盖，以匹配业务信道能力，通过权值自动化调整，满足不同场景的覆盖需求，如图 7-23 所示。

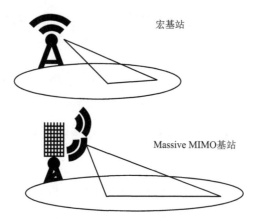

图 7-23　Massive MIMO 3D 波束赋形提高接收信号强度示意

3. 扩大高层建筑物覆盖范围

Massive MIMO 基站在小区内的信号覆盖更加均匀，更宽的垂直波束赋形可以改善高层建筑物的室内场景覆盖，如图 7-24 所示。

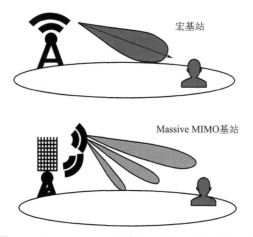

图 7-24　Massive MIMO 扩大高层建筑物覆盖范围示意

空间分集、空间复用、波束赋形是 3 种重要的多天线技术，说明如下。

（1）空间分集

即利用较大间距的天线阵元之间的不相关性，发送或者接收一个数据流或与该数据流相关的数据，避免单个信道衰落对整个链路的影响。

（2）空间复用

即在强散射环境中，利用天线阵子之间或者赋形波束之间的不相关性，向一个终端 / 基站发送多个数据流，来增大链路容量。

（3）波束赋形

即利用天线阵子之间的相关性，调整发射信号之间的相位差，使信号在空间的不同位置产生叠加或者抵消，在特定方向上集中能量来形成波束，从而实现更广的覆盖和更好的干扰抑制。

Massive MIMO 有上述优点，但也面临天线更大、更重等问题，需应对功率升级和回传升级等挑战。

为了满足 6G 的关键性能指标要求，必须密集部署基站，缩小站间距离，采用更大的带宽、更高阶的 MIMO，推动 Massive MIMO 天线向小型化、轻量化演进。业界提出了超大规模天线（X-Dimension MIMO，XD-MIMO，又称为超维多天线），它是大规模天线技术的演进升级技术，通过部署大规模的天线阵列、应用新材料、引入新的工具，来获得更高的频率效率，以及更广阔、更灵活的网络覆盖，更高的定位精度，更高的能量效率等。

超大规模天线阵列分为集中式超大规模天线阵列和分布式超大规模天线阵列。目前，5G 网络中部署的大多是集中式超大规模天线阵列，在低频段已经实现 192 天线阵子和 64 通道，在高频段则实现了更多的天线阵子。分布式超大规模天线阵列将在更大的地域范围内部署大量的分布式射频器件和天线。信道建模、波束管理、发送端处理是超大规模天线阵列的 3 项关键技术。

第一，信道建模是无线通信系统仿真和性能研究的基础。3GPP 的大规模天线采用 3D 信道模型建模，综合考虑了水平和垂直两个维度的空间信道特性。超大规模天线阵列的规模比大规模天线阵列更大，需要在信道建模时综合考虑。

第二，通过高增益天线弥补高频信道带来的较大传输损耗，这不仅要求基站采用高增益天线，还需要快速实现并保持基站与终端之间的波束对准，因此波束管理非常重要。

下面以 5G 基站 8 波束的波束管理为例来说明波束管理，如图 7-25 所示，采用不同的措施使终端找到其所在位置具有最佳性能的发射、接收波束。

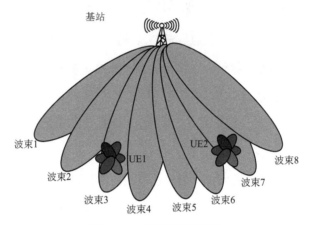

图 7-25　8 波束的波束管理

下面以太赫兹波束管理为例介绍波束管理。一个高频基站的覆盖，由多个不同指向的波束实现；同时 UE 的天线也具有指向性。波束管理的核心任务是找到具有最佳性能的发射、接收波束。太赫兹频段的路损衰减相对较大，单位面积可以容纳更多天线，通过波束管理可以弥补路损衰减大的不足。太赫兹波束管理采用如下关键技术。

（1）波束训练

太赫兹波束数量多，可考虑采用充分利用空域的稀疏性的方案，以较低的训练开销、延迟及复杂度，快速找到满足传输条件的波束链路。

（2）波束跟踪

太赫兹波束窄，容易发生切换，可考虑与 AI 技术结合，来实现终端移动场景下准确、快速地对使用的波束链路进行调整和切换。

（3）波束恢复

太赫兹波的绕射能力弱，容易发生阻塞，当原有波束链路失效时，可考虑通过多个节点之间的协作传输来快速重建新的波束链路。

第三，在多用户 MIMO 通信场景下，配置有多个发射天线的发送端需要同时与下行的多个用户进行数据的交互，不同用户的数据流之间会相互干扰。另外，终端受体积、功耗和设备成本等因素的限制，其处理算法复杂度需尽可能低，多用户 MIMO 系统下行链路数据流间干扰的消除需要在发送端进行，因此发送端处理技术很重要。

另外，超大规模天线技术还涉及 AI 技术，例如基于机器学习的信道反馈利用神经网络进行信道编码，基于深度学习的信道估计通过大量样本的训练来绕过模型建立过程，从而获得更高的估计精度。

7.8 新信道

7.7 节提到超大规模天线阵列为信道建模带来了新的挑战，6G 系统设计必须基于正确的信道模型。目前，无线通信系统的信道建模通常包括大尺度衰落和小尺度衰落的建模。

信道的大尺度衰落包括路径损耗、穿透损耗和阴影衰落。自由空间传播中，路径损耗仅与传输信号的载波频率、传输距离以及收发天线的增益有关，而在实际的无线信道环境中，散射体对无线信号的反射、绕射及散射影响着路径损耗、直射径的概率等，因此，不同场景下，路径损耗、穿透损耗和阴影衰落的建模方式也不同。

小尺度衰落是指无线电信号在短时间或短距离传播后，其幅度、相位或多径时延的快速变化。小尺度信道建模主要考虑时间、频率及空间的色散等参数的建模，这些参数的建模与天线的极化方向、收发天线的相对位置等有关。

以太赫兹为例，该频段具有更高的自由空间路径损耗，不同的多径分布使太赫兹频段与大、小尺度衰落相关的参数具备新的特性，同时，太赫兹频段的通信设备可以提供超高精度的空间和时间分辨率，而目前无法使用已有的信道建模方法来准确评估太赫兹波所能实现的毫米级成像的性能，因此，对于以太赫兹为代表频段的 6G，需要对更准确、更具代表性的参数化信道模型做进一步研究。

7.9 空天地海一体化

6G 网络将实现空天地海一体化通信。空天地海一体化通信的目标是扩展通信覆盖广度和深度，将优化空（飞行器及设备等）、天（卫星、地球站、空间飞行器等）、地（陆地移动网络、固定网络等）、海（海上及海下通信设备、海洋岛屿网络设施等）基础设施，实现全域覆盖。

目前，卫星通信网络已经被纳入 6G 网络系统，业界在网络架构、星间链路方案选择等关键技术方面展开了深入研究。深海远洋通信网络也已经被纳入 6G 网络系统。下面以卫星通信、无人机通信以及海洋通信为例进行介绍。

7.9.1 卫星通信

卫星通信指利用人造地球卫星作为中继站，转发两个或多个地球站之间的数据进行通信。某个微波通信系统中，一些中继站由卫星携带，并且这些卫星之间及卫星与地面站之间能进行通信，则卫星在地域上空按一定轨道运行而构成的覆盖范围很广的通信网络就称为卫星网络。卫星网络系统如图 7-26 所示，是以人造地球通信卫星为中继站的微波通信系统，是地面微波中继通信系统的发展和向空间的延伸。

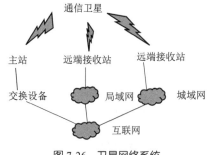

图 7-26　卫星网络系统

卫星网络的关键技术如下。

1. 星座设计

卫星星座是发射入轨道能正常工作的卫星的集合，通常是由一些卫星环按一定的方式配置组成的卫星网。非静止轨道卫星的传输损耗和通信时延较小，可实现区域覆盖、间断覆盖以及真正的全球连续覆盖。

2. 星际链路

星际链路（Inter-Satellite Link，ISL），也叫星间链路，指用于卫星之间通信的链路，可使卫星移动通信网不依赖地面网络而提供移动通信业务。

3. 星上处理

卫星通信系统中比较薄弱的一个部位是透明转发器，该部位很容易在对方的高强干扰下实现饱和甚至损坏，采用星上处理技术对抵抗干扰有很重要的意义。星上处理的流程有速率变换、矩阵处理、量化、编码等。互联网服务是宽带卫星业务的重要驱动力，相关的星上处理技术有星上信号处理、星上交换、星上路由等。

4. 切换技术

卫星网络的一次通信过程可能经历多次切换，包括波束间切换、卫星间切换和关口站切换等。

5. 卫星 TCP

由于卫星网络具有高时延、高误码率等特点，在卫星网络中应用 TCP，其性能会降低很多。

目前，业界在空天地海一体化方面提出了星地融合多种模式长期共存、实现接入融合的观点，具体包含如下内容。

第一，多模式协同。在星地融合的不同阶段，有不同模式，如透明传输模式等；各模式独立演进和配置来实现共存、协同，基于用户要求、业务需求、网络资源等来选择模式。

第二，多接入融合。实现基于网络、业务、终端状态的网络选择、业务路由策略选择等，实现多接入的多维、多域资源管理，实现多接入的移动性管理。目前，业界提出了 Non-3GPP 接入、3GPP RAT 接入两种 6G 与卫星通信融合的方式。第一种方式是将卫星接入 6G 核心网，与地面通信网络共用核心网。第二种方式是将卫星作为一种特殊的 6G 基站接入 6G 核心网，这种方式是卫星网络和地面网络的深度融合。随着太赫兹波相关研究的推进和技术的进步，太赫兹频段在卫星通信上的应用也将更加成熟、可靠。

在 6G 系统上星框架方面需要全新设计，主要体现在如下方面。

第一，6G 核心网上星。针对卫星设计实现支持核心网上星的多接入控制、连接管理、移动性管理、资源管理等。

第二，6G 基站上星。针对卫星时延和高动态，进行 6G 基站空口和协议的设计。面向卫星的高动态性，解决星地、星间基站的移动性管理。从时域、空域、频域等多维度利用资源，进一步提高频率利用效率。

第三，6G 卫星多维、多域资源管理。针对星地多维资源，研究统一的资源表征，以及业务与资源映射和统一管控。针对星地多域资源，研究跨域的星地切片机制，来拓展切片管理平台功能，实现跨域切片。

7.9.2 无人机通信

无人机具有可操作性、移动性和高度自适应等特性，随着无人机技术的蓬勃发展，无人机已经广泛应用于工业、农业等众多领域。

无人机在应用形式上分为单无人机作业、多无人机协同作业两种形式。单无人机作业是目前较为常见的形式，但是它存在作业区域有限、地形环境受限、承担的负荷有限、工作效率低等缺点，不能满足某些特定场景的应用需求。多无人机协同作业能够很好地解决这些问题，已在越来越多场景中得到应用。

无人机网络（Unmanned Machine Network，UMN）可被分为低空无人机网络和高空无人机网络。移动自组织网络采用点对点（For This Purpose Only，Ad-Hoc）技术，该技术是一种不依赖于现有通信基础设施、可动态快速构建分布式、无中心网络的技术，具有自组织、自恢复等优点。移动自组织网络用于多无人机通信中。无人机移动自组织网络（以下简称无人机自组网）中的每个节点兼具无线通信和动态路由的功能，提供传统点对点通信测控的功能，同时还可以实现数据包择优路径的中继转发。

无人机自组网的关键技术如下。

第一，网络中的动态路由协议支持多无人机网络形成星形网、网状网、链状网等多种拓扑结构，尤其是多跳路由中继转发的功能使无人机可以组成链状网，大幅延长测控的距离并扩大作业的范围，通过节点合理部署，还可以适应山区等复杂的地形环境，实现超视距传播。

第二，无人机自组织网络需要支持无人机的动态移动和网络拓扑的频繁变化。另外，无人机飞行时间有限，这会影响网络的正常通信时间，因此对无人机网络需要实施全面有效的资源管理。软件定义网络可以实现控制层与数据层分离，通过软件定义的方式控制网络，很好地解决无人机通信的上述问题。

第三，无人机自组织网络得益于动态资源分配、负载均衡拥塞控制等新技术，使网络内的信道资源可以按需调整分配，优化选择传输路径，保证业务的服务质量。

在未来网络演进中，无人机网络的研究方向如下。

1. 能量能源受限的解决措施

无人机作为飞行基站时，一旦电池耗尽，会导致网络节点失效。因此，需要研究无人机充电或更换措施，以保证网络的正常运行。

2. 资源调度策略

在无人机辅助网络中，无人机可以提供缓存、计算、网络控制等多种服务，需要研究无人机的调度措施以实现更高的能耗效率。

3. 安全攻关方案

无人机通信中存在着窃听、干扰等安全隐私问题，图 7-27 给出了无人机网络安全问题示例，这些问题可能会对个人信息构成威胁，需要在无人机通信时进行实时、全面的调查。

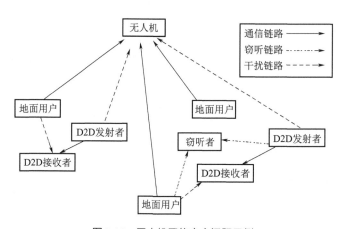

图 7-27　无人机网络安全问题示例

4. 无人机应用建模

为了在实践中应用无人机通信，需要研究更多的如城市、农村等场景的信道模型，以满足未来实际复杂的应用需求。

5. 通信天线设计

用于无人机通信的天线，需要进行如天线孔径频率、扫描角度范围和扫描速度等方面的设计。

7.9.3　海洋通信

通常情况下，海洋通信系统主要包括适合不同海洋业务的基于陆地移动网络的岸基移动通信系统、海上无线通信系统和海洋卫星通信系统。

随着业务的不断发展，海上运输、海洋勘探、气象监测等业务需要涉足远海海域。未来的船舶自主航行对无线通信网络的可靠性和实时性提出了更高要求，海洋工业中的安全生产视频监控将面临海量设备接入，需要更大的网络容量，海上紧急救援需要无线通信网络来实现快速组网、高速率、低时延、高可靠。

可见，未来无线网络需要满足多样化、精细化的海洋通信业务的差异化服务要求，需要各类通信系统相融合，形成空天地海一体化的海洋通信网络。

以面向海洋场景的空中通信系统为例，飞艇、无人机等高速移动持续时间较长，海洋恶劣的气象情况可能使通信设备产生故障或者传输链路断裂，导致网络拓扑频繁变化，因此未来海洋通信网络需要具备基于高可靠通信链路的自适应组网机制。

自适应组网技术使飞艇、无人机等在实际应用中可选择合适的组网模式，根据设备数量、覆盖区域等要素可以选择无中心、单中心或多中心模式。以海面上空的无人机组网为例，各种组网模式如图 7-28 所示，当无人机数量少、覆盖范围小、海洋业务对无线网络的稳定性要求高时，可以选择无中心组网模式，任意无人机通信出现问题均不影响其他无人机的通信。当基站数量较少时，使用单中心组网模式，将与基站之间通信质量最好的无人机设置为中心节点，使其作为其他无人机与基站之间的中继提供服务。当无人机组网所需覆盖的范围大、无人机数量多时，使用多中心组网模式，降低通信链路开销。

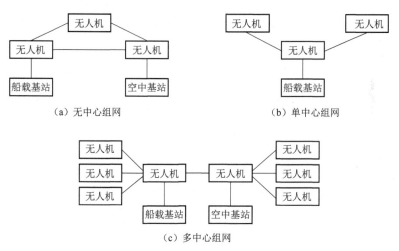

（a）无中心组网　　　　　　　　（b）单中心组网

（c）多中心组网

图 7-28　以海面上空的无人机组网为例的各组网模式

水下无线通信（Underwater Communication）是实现未来海洋通信网络的关键技术之一，可分为水下无线电磁波通信（Underwater Wireless Electromagnetic Communication）、水下非电磁波通信 [主要包括水下声音通信（Underwater Acoustic Communication，简称水声通信）和水下光学无线通信（Underwater Optical Wireless Communication，简称水下光通信）]，上述技术具有不同的特性及应用场景。

海水是电的良性导体，海水介电常数和导电率均高，无线电磁波在陆地上传输良好，但在水下由于信号衰减大，几乎无法传播。目前，水下无线电磁波通信主要使用甚低频、超低频（Super-Low Frequency，SLF）和极低频（Extremely Low Frequency，ELF）共 3 个低频波段。水下无线电磁波通信主要用于远距离、深度相对小的水下通信场景。

声波是水中信息的主要载体，在水下传输的信号衰减小、传输距离远，适用于温度稳定的深水通信。水声通信已被广泛应用于水下通信、探测、导航等领域。水声信道是复杂的多径传输信道，需要进一步探索多载波调制等技术，以期望尽可能地提高带宽利用效率。

水下光通信技术利用激光载波传输信息。波长为 450~530 nm 的蓝绿激光在水下的衰减较其他光波段小得多，通常被应用于水下通信，尤其是浅水近距离通信。蓝绿激光通信具有传输速率高、方向性好、接收天线较小等优点，但目前应用于浅水近距离通信还存在如下难点，需要进一步探索研究。

（1）散射影响

光经过水中悬浮颗粒及浮游生物时会产生明显的散射作用，在浑浊的浅水中近距离传播与在空气中传播相比，引起的散射更强，透过率明显降低。

（2）光信号在水中的吸收效应严重

光信号在水中的吸收效应涉及水中溶解物和悬浮物对光信号的吸收等，造成光信号的严重衰减。

（3）背景辐射的干扰

水下生物的辐射光及水面外的强烈自然光会对接收信号形成干扰。

（4）高精度瞄准与实时跟踪困难

通常情况下，移动的收发通信单元在活动频繁的浅水区域的水下很难实时对准，由于激光只能进行视距传播，移动的收发通信单元间随机的遮挡会影响通信感知。

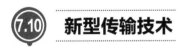

7.10 新型传输技术

7.10.1 智能超表面

1999 年，D.F.Sievenpiper 教授提出了蘑菇形结构高阻抗表面，这是最早的人工电磁表面（即超表面）。2014 年，崔铁军教授团队提出了"数字编码与可编程超材料/超表面"，利用二进制编码的形式来表征超表面，标志着超表面技术从模拟时代进入数字时代。2016 年，杨帆教授及其课题组首次提出了"界面电磁学"，旨在分析超表面的电磁特性，指导各种电磁表面的设计与优化。2017 年，崔铁军教授团队提出了"信息超材料 / 超表面"的概念体系。

智能超表面（Reconfigurable Intelligence Surface，RIS）技术由一种基于超材料的技术发展而来，RIS 硬件架构包含 RIS 阵列、馈电系统、控制系统等。例如，RIS 阵列由半波长微结构 RIS 单元组成，每个智能反射单元能够独立地对入射信号进行振幅、相位等方面的改变，实现对无线传播信道的主动智能调控。

RIS 可以对空间电磁波进行主动的智能调控，使得无线环境有利于信号的传输，提高频谱和能源利用率。另外，RIS 技术的工作类型主要以反射、吸收、透射为主，RIS 材料在绿色节能、硬件设计复杂度等方面具有较大优势，可降低网络运营维护成本。因此，RIS 具有低成本、低复杂度、易部署的优点，RIS 技术被认为是 6G 潜在通信技术之一。

近年来，RIS 技术的发展突飞猛进，2020 年 6 月，IMT-2030（6G）推进组无线技术组成立了"RIS 任务组"。2022 年 4 月，智能超表面技术联盟（RISTA）暨第一届会员大会召开，智能超表面技术联盟正式成立。

RIS 技术应用场景也逐渐丰富，如图 7-29、图 7-30 所示。RIS 技术可用于简化发送端设计、主动改善信道传播环境、增强有用信号、提升多波束赋形能力等。

对于室外覆盖空洞场景、非视距传输场景，增加反射径，形成虚拟视距。对于室外覆盖室内场景、低楼层非视距传输场景，增加反射径，加强深度覆盖。对于边缘覆盖增强场景，提高服务小区边缘接收功率，抑制干扰。对于热点多流增强场景，在视距传输场景，增加反射径，从而形成多流。对于透射型室外覆盖室内场景，将透射型 RIS 部署在建筑物玻璃表面，RIS 接收信号并将其透射到室内。对于透射型高铁覆盖场景，透射型 RIS 部署在高铁车窗玻璃表面，RIS 接收基站信号并将其透射到车厢内。

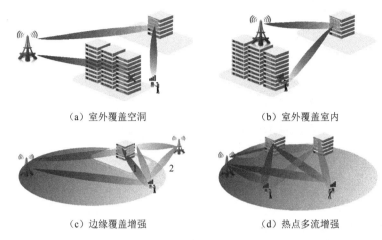

（a）室外覆盖空洞　　　　　　　　（b）室外覆盖室内

（c）边缘覆盖增强　　　　　　　　（d）热点多流增强

图 7-29　反射型 RIS 典型场景

（a）透射型室外覆盖室内　　　　　　　（b）透射型高铁覆盖

图 7-30　透射型 RIS 典型场景

RIS 技术成熟度可以分为 R、I、S 共 3 个维度，R（Reconfigurable）是指超材料表面反射、透射等电磁特性的可重配置能力；I（Intelligence）指控制电路依据无线环境时变特性和业务需求对超材料表面进行控制的智能化程度；S（Surface）是指面向不同工作频段的超材料表面设计与制造工艺。

随着技术的不断演进，RIS 技术有望与 OAM、通信感知一体化、MIMO 等技术做如下方面的融合，取得新的突破。

1. RIS 与 OAM 融合

OAM 是 6G 的潜在关键技术之一，在 7.10.3 节详细阐述。OAM 涡旋电磁波的生成方式有很多种，其中一种典型的就是基于 RIS 的。通过反射型和透射型 RIS，既可以产生双极化、双频段、多模态的 OAM 涡旋电磁波，也可以实现

OAM 涡旋电磁波的线极化与圆极化的灵活转换。

2. RIS 与通信感知一体化融合

利用 RIS 的空时调制能力，可以在非视距传输中建立虚拟视距链路，通过优化 RIS 的反射系数矩阵提高通信链路质量，按需动态提供波束赋形增益，还可以在同等条件下使系统具备较大天线孔径的优势和较高的定位精度，实现高精度感知定位能力。

3. RIS 与 MIMO 融合

Massive MIMO 利用大型天线阵列提高频谱和功率利用率。S.Hu 等人首次对 RIS 的容量进行了分析，证明每平方米表面积的容量与平均功率呈线性关系，而不是 Massive MIMO 中的对数关系。

未来网络中 RIS 的 3 个研究方向如下。

第一，器件的设计和建模理论，以及理论到实践的转化。RIS 器件单元的设计需要满足通信系统需求，从器件材料选取、器件结构两个方向来设计。合理、高效的器件单元的信号响应模型是智能表面设备性能评估的基础。另外，现有的大多数 RIS 研究和在无线物理层的应用尚处于理论分析及仿真验证阶段，需进一步进行应用实践。

第二，信道测量和反馈机制。智能表面由大量的器件单元构成，没有射频和基带处理能力，基站无法分别获得基站到智能表面、智能表面到终端的信道信息，因此基于智能表面的通信系统需要一个高效的信道测量和反馈机制。

第三，考虑 RIS 的材料和制造过程。RIS 性能依赖于物理材料和制造过程，因此需要加以考虑，以便更准确地指导 RIS 的优化，助力无线通信发展。

7.10.2 新型反向散射

传统反向散射技术，如射频识别技术，应用于商品识别、停车场收费系统等，在要识别的物体上加标签，向其发射射频信号，根据反射回来的信号进行判断。该技术因为有读写器向标签发收信号的过程，所以路径损耗大、有效通信距离短。为了弥补这些缺点，发展出了一些新型反向散射技术，包括全站反向散射技术、环境反向散射技术、基于全双工的反向散射技术、转型反向散射技术等，图 7-31 给出了结构示意，下面分别进行阐述分析。

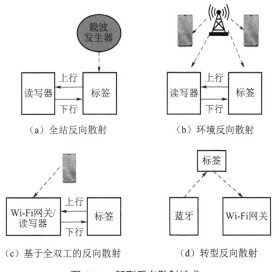

图 7-31　新型反向散射技术

全站反向散射技术是在传统反向散射的基础上，在标签旁边增加载波发生器。载波发生器发送固定载波，标签收到载波信息后，加载自身信息并将其反射给读写器。该技术可减少路径损耗，延长标签与读写器之间的通信距离，但是需要一个距离标签近的载波发生器。

环境反向散射技术是标签利用周围已有的无线电视信号等无线信号和读写器进行通信。

基于全双工的反向散射技术是让无线保真（Wi-Fi）网关加载读写器的功能，无线保真网关配备多副天线，天线向智能手机或笔记本计算机发送信号，该信号通过标签或传感器反射回该网关的天线，标签或传感器可以在该反射信号上加载自身的信息。

转型反向散射技术则把蓝牙信号转换为无线保真信号或低速短距离传输的蜂舞协议（ZigBee）信号。

7.10.3　轨道角动量多址

根据经典电动力学理论，电磁辐射还可以携带角动量。角动量分为自旋角动量（Spin Angular Momentum，SAM）和轨道角动量（OAM）两部分。其中SAM 仅与光子的自旋有关，表现为圆偏振状态。当电子绕传播轴旋转，由能量流围绕光轴旋转而产生 OAM，此时电磁波的相位波前呈涡旋状，携带 OAM 的电磁波被称为涡旋电磁波。下面详细介绍 OAM。

1992 年，L.Allen 首次在光学领域研究了 OAM 光束的数学机理，并讨论了采用不同模态 OAM 光束为增大传输容量带来的优势。OAM 是区别于电磁波电场强度的另一个重要物理量。OAM 具有诸多模态，其中 OAM 模态 $L=0$ 为平面波，而对于 $L \neq 0$ 的情况，不同模态值的涡旋电磁波彼此正交。

与传统电磁波相比，涡旋电磁波的模态间满足正交性，还具有表 7-1 所示的特性。涡旋电磁波在无线通信、光纤通信、生物医疗等场景具有潜在的应用前景。

OAM 在无线通信领域有巨大潜力，目前我国电磁波 OAM 研究与应用还处于起步探索阶段。

要充分发挥 OAM 在无线通信领域中有效提高频谱效率的作用，需要解决 OAM 产生、传输与接收等问题，因此未来还需要对电磁波 OAM 进行更深入的研究。

表 7-1 涡旋电磁波的特性

特性	原理	优点
正交性	任意两个整数阶态的 OAM 波束相互正交	提高系统频谱效率
稳定性	OAM 的相位结构与传输距离无关	有利于长距离传输
发散性	随着距离和 OAM 阶数的增加,OAM 波束发散程度加剧	—
反射性	OAM 涡旋波束经过镜面反射只改变旋转方向,不影响波前相位结构	有利于多径效应
安全性	在传输过程中,信号的抽样检测存在不确定性	更高编码强度,实现大容量、高保密性的通信
多维量子纠缠	单光子、纠缠光子可用于量子信息处理,非整数 OAM 模态可以分解为整数 OAM 模态的线性叠加	以最小误差传输更大容量的数据

7.11 通信感知一体化

通信是指信息传输,感知是指探测物理环境的参数。无线感知是指借助无线信号对物理环境进行探测来获取目标的距离、角度、速度等参数。通信感知一体化(Integrated Sensing and Communication,ISAC)是通信和感知两个功能的跨域融合技术,使未来的通信系统同时具有通信、感知两个功能,在无线信道传输信息的同时,通过主动认知并分析信道的特性来感知周围环境的物理特征,从而使通信与感知功能相互增强。通信系统提供感知服务,感知结果助力提高通信质量。

6G 网络的更高频点、更大带宽等特征为通信系统集成感知功能提供了可能。通信感知一体化的 6G 网络,将为用户提供无所不在的环境感知和数据交互能力,以实现对物理世界的实时渲染、呈现和动态建模。借助无所不在的感知网络,通信的能力将得到大幅度提升。

Alireza Bayesteh 等人提出了 6G 通信感知一体化典型应用场景和系统中的

关键性能指标，如表 7-2 所示。以高精度定位和追踪为例，由于 6G 网络带宽更大、天线孔径更大，6G 通信感知一体化系统的多径分离能力也更强，可以提供更优异的定位和追踪性能，对户外目标的定位精度可达到厘米级。

表 7–2　6G 通信感知一体化典型应用场景和系统中的关键性能指标

应用分类	应用场景分类	覆盖	分辨率	精度	检测概率	可用性	刷新率
高精度定位追踪	移动平台无人机对接	50 m	—	1 cm	—	99.99%	<10 ms
	机器人、无人机服务员	50 m	—	1 cm	—	99.9%	<100 ms
同步成像、地图构建与定位	同步定位与地图构建	50 m	5 cm	1 cm	—	99.9%	<10 ms
	室内非视距定位	100 m	5 cm	1 cm	—	99.9%	<10 ms
	城市环境重构（虚拟城市）	100~200 m	0.5 m	0.1 m	—	99%	<1 s
人类感官增强	远程手术和医疗诊断	2 m	1 mm	<0.5 mm	—	99.9999%	<1 ms
	利用移动设备进行包裹安全扫描	0.5 m	1~2 mm	0.5 mm	—	99%	<100 ms
手势与动作识别	医疗康复动作识别	10 m	1 cm	0.5 cm	99.9%	99.9%	<1 s

与通信感知一体化相关的信号波形、信号以及数据处理算法、感知辅助通信等将成为未来研究方向。

感知与通信对波束赋形具有不同的性能要求，一体化波束赋形技术可以在波束成形进行通信的同时，快速产生能进行大范围扫描的感知波束，来感知环境变化、满足多种业务场景需求。基于深度学习的信道估计通过空域、时域、频域的三维信道估计算法建模，利用神经网络、长短期记忆网络等关键技术进行自主学习，更新用户信道、传输环境等参数，自动预测 6G 通信系统信道。面对 6G 网络复杂多小区场景的干扰，可利用神经网络模型，基于深度学习，进行干扰的自主学习、检测预测，实现抵消机制。

7.12 先进的信号处理技术

7.12.1 超奈奎斯特

更高的传输速率是 6G 的关键性能指标之一。由于毫米波、太赫兹波和可见光在实际应用中存在诸多局限性，超大规模天线在实现和能效方面都面临严峻挑战，传统星座调制方案难以实现更高的频谱效率，频谱效率高的超奈奎斯特（Faster-than-Nyquist，FTN）技术有望成为 6G 的潜在关键技术。

FTN 传输是一种典型的非正交传输方式，1975 年由美国贝尔实验室的 James Mazo 提出，以二进制 sinc 脉冲发送信号，发送时间间隔见式（7-6）：

$$T = \tau T_n \tag{7-6}$$

其中，τ 为压缩因子，T_n 为可以达到奈奎斯特速率的符号间隔，τ 在 [0.802,1] 范围内，非正交性带来的码间干扰并不影响误码率。James Mazo 指出，在不增加信号带宽的条件下，采用最佳检测算法的 FTN 信号可以比奈奎斯特信号多传输约 25% 的数据而不带来传输性能的损失，这个速率提高的极限被称为 Mazo 极限。

FTN 信号的发射机、接收机的实现方式很多，常见的单载波编码 FTN 系统的信号收发流程如图 7-32 所示，信源序列经过信道编码器后进行交织，生成码字，码字通过星座映射后进入 FTN 调制器，FTN 调制器通过改变升采样倍数和成形波形采样点数来实现调制。接收的信号经过匹配滤波后，按照 FTN 速率进行采样并送入 FTN 检测器，解交织与交织配套使用以提高系统的纠错能力，接着进行译码、估计信息。

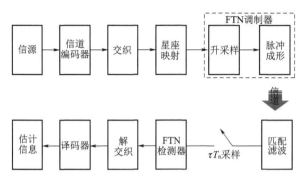

图 7-32 单载波编码 FTN 系统的信号收发流程

FTN 技术整体考虑了信号带宽、能量和信号的功率谱密度（Power Spectral Density，PSD），而且由于 sinc 滤波器过于理想，并不能应用于实际系统中，为了进行公平合理的比较，需要对香农定理进行修订，引入 PSD 的信道容量，见式（7-7）。

$$C_{\mathrm{PSD}} = \int_0^\infty \log_2[1 + \frac{2P}{N_0}|H(f)|^2]\mathrm{d}f \qquad （7\text{-}7）$$

其中，$|H(f)|^2$ 为频谱分布。当使用 sinc 脉冲时，FTN 中的信道容量与香农定理中的信道容量相等；当使用非 sinc 脉冲时，FTN 中的信道容量大于香农定理中的信道容量。在实际应用中，随着信噪比的提升，FTN 中的频谱效率与经典香农频谱效率逐渐逼近但未超越香农极限，而 FTN 的容量增益是靠额外的带宽换取的。FTN 为未来通信技术的发展提供了如下非常有益的新思路。

第一，FTN 是一种以复杂度为代价换取频谱效率的提升，在高信噪比下逼近香农定理的可行解决方案。非正交传输的频谱效率增益已经被学术界广泛接受，例如李道本教授提出的时频二维重叠复用（Overlapped Hybrid Division Multiplexing，OvHDM）技术。

第二，FTN 为滤波器的设计提供了新方向。FTN 允许存在码间干扰，可以按照频谱框架设计发送脉冲，充分利用频谱资源。

第三，FTN 技术将会为未来 Massive MIMO 通信提供全新的实现方案。实际应用中，考虑系统复杂度，MIMO 系统处理信号时常采用低精度的模拟数字转换器，基于 FTN 的 MIMO 系统可以有效地避免低精度的模拟数字转换器带来的误码性能损失。

第四，FTN 传输可以有效地提升星地通信的性能。传统的星地通信由于通信距离较长，发送信号的功率相对较大，通常提高发送信号功率的功率放大器对信号的 PAPR 较为敏感。FTN 信号在一定条件下具有比奈奎斯特信号低的 PAPR，FTN 传输引入了符号间干扰，其发送符号信息均在一定程度上弥散到了相邻的发送符号中。

在 FTN 的发展中，仍有一些实际问题需要解决和研究，例如低复杂度接收机的设计对该系统的实际使用发展至关重要，以及 FTN 如何进一步与 OFDM、MIMO、编码技术相融合。

7.12.2　压缩感知

由第 2 章可知，根据奈奎斯特采样定理，采样率必须大于等于被测信号中最高频率分量的两倍，这对采样硬件设备要求较高；信号采样点数量多，给传输及存储带来挑战，造成通信带宽资源浪费、通信设备成本增加；采样点大量的数据处理使系统对信号处理的实时性降低。为解决上述问题，业界提出了压缩感知（Compressed Sensing，CS）的采样理论，成功实现了信号同时被采样和压缩。

压缩感知理论指出，当信号在某个变换域是稀疏的或可压缩的，可以利用与变换矩阵非相干的测量矩阵，将变换系数线性投影作为低维观测向量，这种投影保持了重建信号所需的信息，进一步求解稀疏最优化问题，可以从低维观测向量精确地或高概率精确地重建原始高维信号。

压缩感知理论说明采样速率不再取决于信号的带宽，而在较大程度上取决于稀疏性和非相干性，或者稀疏性和等距约束性。压缩感知技术使用信息采样（即数据观测或感知），接收端使用信号重建，不再局限于奈奎斯特采样率，这极大地提高了有用信息的传输能力，减小了有用信息的传输及处理时延。

5G 中基于稀疏码分多址接入（Sparse Code Multiple Access，SCMA）、Massive MIMO 的信道估计已涉及压缩感知技术，但技术成熟度不足，在 6G 演进中，压缩感知面临超大带宽、超大规模天线及超密集基站的需求和挑战，计算复杂度、硬件成本及能量消耗难以估量；大量的物联网节点 / 触觉网络节点需要解决信号采集压缩等问题。结合 6G 将要面临的需求和挑战，对于超宽带频谱感知、无线传感网络、超大规模天线这 3 种压缩感知典型应用场景，需进一步研究和应用。

小结

本章对 6G 设计的潜在技术进行了探讨，并提出了新的期望和设计方向，每项技术的演进都需攻坚克难、与时俱进，6G 亦如此。相信在广大科研人员的共同努力下，6G 设计能更加成熟、智能、高效。

第8章 6G 网络架构设计的潜在技术

6G 具有极致连接、智能原生等网络特征,因此在进行网络架构设计时需充分考虑各类资源的智能编排等需求,以及相关潜在技术,以满足 6G 网络的发展需求。

8.1 虚拟云化

由于引入了虚拟化和云化技术,5G 的核心网实现了资源层、虚拟化层和网络功能层的 3 层架构,包括 5G 下一代核心网(Next Generation Core,NGC)的服务化架构(Service-Based Architecture,SBA)满足 5G 网络功能模块化、无状态设计(指传统网元的上下文信息与网络功能软件分离)、控制面与用户面分离的需求。为了支持不同行业用户和业务的快速交付,无线电接入网(Radio Access Network,RAN)提出了控制面、用户面分离的网络架构,但是 5G 无线电接入网的技术架构面临底层虚拟化程度低、无法支持极低时延的部署、业务融合程度较低、5G RAN 的硬件和软件没有解耦等问题。

6G 无线网络需要赋能各行各业,对网络的灵活性要求高,因而采用智能内生设计,要求接入网采用基于服务的架构,将更多的处理和功能转交给云端负责,进行端到端虚拟化和云化。

6G 基于服务的无线网络融入了人工智能、感知通信一体化。无线电接入网设计在用户面和空口侧进行了革新设计,例如空口资源可以更灵活地编排和定制,移动性和业务连续性大幅提高。6G 网络可以采用完全虚拟化的 RAN,结合

Massive MIMO 技术，6G 基站将只有天线与射频部分，RAN 实现完全虚拟化，可以更灵活地部署。

算力网络

8.2.1　云计算、边缘计算、雾计算

人类早期采用一台计算机独立完成全部的计算任务，但这样的单点式计算的算力不足，后来尝试采用将计算任务分解成多个小型计算任务进行网格计算等的分布式计算架构，仍然无法满足算力需求，于是云计算（Cloud Computing）应运而生。

云计算指由网络中的一组服务器把其计算、存储、数据等资源以服务的形式提供给请求者，以完成信息处理任务的方法和过程。云计算实现了集中的资源管理，这使终端设备和消费者可实现弹性的按需资源分配、自治管理、简易的应用和服务供应。如果有算力需求，算力资源池可实现满足用户需求的动态的算力资源分配。

云计算有如下明显的优势。

第一，敏捷性。云计算可以方便、快速地借助多项技术进行创新，按需快速启动资源。

第二，弹性。借助云计算，用户可以实现根据实际需求预置资源量，根据业务需求的变化快速扩大或缩小容量。

第三，节省成本。云计算技术便于用户按需依照实际用量付费。整体费用低于传统网络费用。

第四，快速全局部署。借助云可以扩展到新的地理区域，并在短时间内迅速进行全局部署。例如，某公司的基础设施遍布全球各地，只需简单操作，即可在多个物理位置部署应用程序，将应用程序部署在离用户更近的位置，可以降低时延、优化用户感知。

云计算根据服务类型不同分为基础设施即服务（Infrastructure as a Service，IaaS）、平台即服务（Platform as a Service，PaaS）和软件即服务（Software as a Service，SaaS）。每种类型的云计算都提供不同级别的控制和灵活的管理，可以根据需要选择合适的服务集。各类型的特点如下。

1. IaaS

IaaS 包含云信息技术的基本构建块。它通常提供对网络功能、计算机和数据存储空间的访问。

2. PaaS

PaaS 无须管理底层基础设施，可让用户将更多精力放在应用程序的部署和管理上，这有助于提高效率。

3. SaaS

SaaS 是指应用程序的运行和管理皆由服务提供商负责，在大多数情况下，人们所说的 SaaS 产品指的是最终用户应用程序。

后来，云计算按照服务载体不同又衍生出了 NaaS 等类型。NaaS 通过网络虚拟化、安全设备虚拟化等网络技术，为用户提供不同的虚拟化网络服务。

然而，集中化的资源和管理意味着功能和控制被放置在远离产生任务的地方。由于物理距离长、通信带宽有限等，仅靠云计算无法满足 5G 中对自动驾驶等延迟敏感的应用需求，为应对这一挑战，业界提出了算力网络的概念。

算力网络是由云、边、端等设备组成的多层次资源网络，将在 8.2.2 节中详细阐述，它涉及云计算、边缘计算、雾计算等技术。

云计算位于最上层，通常用于全局任务。

边缘计算更靠近终端设备，它将计算任务放在接近数据源的计算资源上执行，具体而言是将云服务器上的功能下行至边缘服务器，以减小带宽和时延。边缘计算擅长处理本地实时任务。

雾计算指数据、数据处理和应用程序集中在网络边缘的设备中，雾计算与边缘计算的主要差异是它更适合处理大量的数据和连接大量的设备，而边缘计算更适合提供低时延的通信和实时的响应。

不同的应用场景所需的算力的类型是不同的，算力网络需要云计算、雾计算、边缘计算等技术之间的相互协作。例如，雾计算与边缘计算合作于数据产生和应该使用的位置附近，确保及时的数据处理、态势分析和决策；雾计算与云计算合作于不同的垂直行业和场景中，支持更智能的应用和更复杂的服务。

8.2.2　算力网络、"东数西算"

算力通俗地讲就是计算能力，具体来说是通过对信息数据进行处理，实现目标结果输出的计算能力。云计算将大量的零散算力资源打包、汇聚，实现更高可靠性、更高性能、更低成本的算力。具体来说，在云计算中，中央处理器（Central Processing Unit，CPU）、内存、硬盘、图形处理单元（Graphics Processing Unit，GPU）等计算资源被集合起来，组成一个虚拟的、可无限扩展的"算力资源池"。算力云化之后，数据中心成为算力的主要载体。

不同的算力应用和需求有着不同的算法，不同的算法对算力的特性也有不同要求。算力通常分为通用算力和专用算力两类。负责输出算力的芯片分为通用芯片和专用芯片，通用芯片能完成多样化、灵活但是功耗更高的算力任务，专用芯片主要是指现场可编程门阵列（Field Programmable Gate Array，FPGA）和专用集成电路（Application Specific Integrated Circuit，ASIC）。

在数据中心里，算力任务分为基础通用计算和高性能计算。高性能计算又可细分为科学计算类、工程计算类、智能计算类。智能计算类即人工智能计算，包括深度学习等。人工智能的三大核心要素，就是算力、算法和数据。

算力网络具体是指在计算能力随时随地、无处不在地发展的基础上，通过网络手段将计算、存储等基础资源在云、边、端之间进行有效调配的方式，以此提升业务服务质量和用户的服务体验。

"东数西算"工程通过构建数据中心、云计算、大数据一体化的新型算力网络体系，将东部算力需求有序引导到西部，优化数据中心建设布局。中国政府高度重视"东数西算"工程。2022 年 2 月，国家发展改革委等单位联合印发通知，同意全国 8 地启动建设国家算力枢纽节点，并规划了 10 个国家数据中心集群，这标志着"东数西算"工程正式全面启动。

面对"东数西算"工程的建设需求，目前中国联通提出了第三代面向云的无处不在的宽带弹性网络（Cloud-Oriented Ubiquitous Broadband Elastic Network 3.0，CUBE-Net 3.0）的算力网络架构，如图 8-1 所示，通过"联接 + 计算"的算网一体理念，算力网络架构分为服务层、管控层、资源层，服务层为用户提供基础设施以及服务载体，管控层满足不同计算场景对带宽、延迟、算力等的需求，资源层提供强大的资源支持。

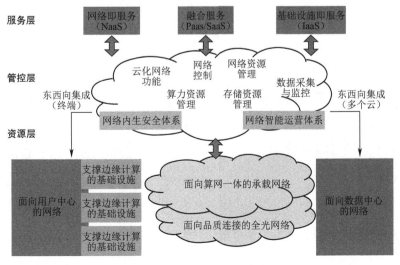

图 8-1　CUBE-Net 3.0 顶层架构图

8.2.3 算力感知网络

在算网融合的趋势下，业界正在探索不同技术路线，除了算力网络，还有算力感知网络等。算力感知网络（Computing-Aware Networking，CAN）基于无所不在的网络连接，对云、边、端的算力进行连接与协同，通过无所不在的网络连接分布式的计算节点，实现服务的自动化部署、最优路由和负载均衡，构建可以感知算力的全新网络基础设施，实现网络、算力、智能均无处不在，提供端到端信息通信技术系统的服务水平协议（Service Level Agreement，SLA）体验保证。

为了实现算力感知网络，业界定义了算力感知网络架构，如图8-2所示，算力感知网络架构从逻辑功能上分为算力管理层、算力应用层、算力路由层、算力资源层和网络资源层，各层功能如下。其中，算力路由层包含控制面和转发面。

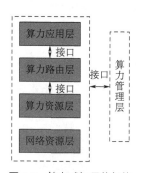

图 8-2　算力感知网络架构

（1）算力管理层

实现算力的运营、服务编排，以及对算力资源和网络资源的管理。

（2）算力应用层

承载泛在计算的各类服务及应用，将用户对业务 SLA 的请求参数传递给算力路由层。

（3）算力路由层

基于抽象化的算网资源，综合考虑网络和计算资源状况，实现将业务灵活按需调度到不同的计算资源节点中。

（4）算力资源层

基于包括 CPU、GPU、FPGA、ASIC 等的计算基础设施来提供算力资源，该层能够提供算力模型、算力应用程序接口（Application Program Interface，API）、算网资源标识等。

（5）网络资源层

利用接入网、城域网和主干网等网络基础设施提供无处不在的网络连接。

8.3　原生可信

8.3.1　数字孪生

提到数字孪生，先来说一下物联网，它是通过智能传感器、射频识别设备、卫星定位系统等信息传感设备，按照约定的协议，把各种设备连接到互联网进行数据通信和交换，以实现对设备的智能化识别、定位、跟踪、监控和管理的一种网络。

物联网技术包含感知与标识、网络与通信、计算与服务、管理与支撑共4 项技术。感知与标识负责采集物理世界中出现的物理事件和数据，实现对外部世界信息的感知和识别。网络与通信负责泛在的互联，实现感知信息高可靠、高安全地传送。计算与服务分为计算和服务两部分，海量数据需要进行计算，而良好的用户服务体验和业务应用需求也需要满足。管理与支撑包括测量分析、网络管理、安全保障等方面，保证物联网实现"可运行—可管理—可控制"。

物理世界感知能力是数字孪生应用建设构架的底层基础，也是物理世界信息输入的基础。

"孪生"一词起源于1970 年美国国家航空航天局的"阿波罗计划"，该计划创建镜像系统以监视无法访问的物理空间。2022 年，Michael Grieves 教授提出数字孪生的设想，指出数字孪生包含物理对象、虚拟对象以及物理对象与虚拟对象之间的信息流共 3 个部分。

在数字孪生发展的过程中，国内外机构、组织对数字孪生有不同的理解。例如，数字孪生体联盟（Digital Twin Consortium，DTC）在工业 4.0 创新平台上发布的 "The Digital Twin Computing Reference Model" 中指出，数字孪生是真实实体世界的虚拟化呈现。数字孪生联盟联合相关公司发布《5G 城市数字孪生白皮书》，指出，数字孪生是充分利用物理模型、传感器更新、运行历史等数据，集成多学科、多物理量、多尺度、多概率的仿真过程，在虚拟空间中完成映射，从而反映对应实体的全生命周期过程。

综合上述观点，数字孪生的作用是再现真实世界，预判未来发展趋势。

数字孪生需要借助如下多种技术来实现。

第一，通过不断进步的网络测量、数据收集技术，更加精准地获知网络状态的网络感知技术。

第二，通过云化技术，构建统一的、可靠的数据平台，对内 / 对外提供由底层数据支撑的统一数据平台技术。

第三，进行网元建模、拓扑建模，利用数字化手段模拟网络运行的网络建模技术，利用标准化、自动化的接口，打通网络虚拟数字孪生体与现实物理实体的交互通道的网络管控技术。

数字孪生技术在未来网络中的实现将会给 6G 网络带来多方面的能力增强。强大的现实还原能力，可提供更全面的网络状态、更精准的问题定位。灵活的仿真模拟能力，依靠准确、虚拟、高效的机制建模，可提供更便捷的策略模拟、更安全的方案预评估、更直观的结果可视化。便捷的管控能力，可提供简洁化、自动化、可视化的操作手段，大幅度降低人工成本。

8.3.2 多方协作生态系统

6G 有望提供无所不在的服务，需要吸引来自信息通信技术产业以及垂直行业等不同领域的参与方，共同构建开放的、多方协作的、多样化的 6G 生态系统，这就是多方协作生态系统。该系统需要确保参与各方之间进行可信的、安全的互动，各方之间的安全合作可以灵活地建立和终止。

区块链是一种集链式数据结构、点对点传输、分布式存储、共识机制、加密算法等多种技术于一体的技术体系。区块链的参与者越多，相互之间信任就越困难，区块链的作用更多体现在解决多方协同问题上。区块链采用分布式数据库，可以利用其分布式信息处理技术，使用密码学保障信息传输和访问的安全性，通过数据的分散传输和存储，保证用户信息不被第三方窃取，实现存储数据一致性、难以篡改、防止抵赖，可以在不可信的竞争环境中低成本建立面向网络信任的新型计算范式和协作模式。

区块链能够提供面向机器、代码的网络信任，可以在提高 6G 网络频谱、设备、数据等资源利用率的同时，实现资源动态高效共享与实时结算。

区块链技术的主要特点如图 8-3 所示，简要说明如下。

分布式账本　链式数据结构　全网时间戳　非对称加密机制　共识机制

图 8-3　区块链技术的主要特点

- 分布式账本。即全网广播，全网复制，每个节点记录全部交易数据。
- 链式数据结构。即数据块按时间先后由加密算法链接。
- 全网时间戳。即共识算法统一同步时间，所有交易按时间先后相连。
- 非对称加密机制。即采用密码学机制确保数据安全流通。
- 共识机制。举例说明，拜占庭将军问题指在消息丢失的不可靠信道上，试图通过消息传递的方式达到一致性是不可能的。提出拜占庭将军问题，最终想解决的是互联网交易、合作过程中的信息发送的身份追溯、信息的私密性、不可伪造的签名、发送信息的规则这4个问题。区块链通过工作量证明（Proof of Work，PoW）、权益证明（Proof of State，PoS）等共识机制，可以很好地解决拜占庭将军问题。

区块链分为公有链、联盟链、私有链共3种。表8-1从定义、参与者等多方面对它们进行了比较分析。例如，NEO是一个区块链平台、一种加密货币和网络，用于构建分散的应用程序，主要采用区块链发展智能经济；Ripple的交易平台让跨境转账非常便捷，清算和交易可以在真正意义上同时进行；R3区块链联盟的成员为一些企业和金融机构，目标是推动区块链技术的发展，旨在通过区块链技术的应用，提高业务效率、降低成本等。

表 8-1　3 种区块链的比较

比较项	公有链	联盟链	私有链
定义	链上的所有人均可读取、发送交易且能获得有效确认的共识区块链。通过密码学技术和共识机制来维护整条链的安全	若干个机构共同参与管理的区块链，每个机构都运行着一个或多个节点，允许系统内不同的机构进行数据的读写和发送交易，共同记录交易数据	写入权限仅在一个组织手里。读取权限或对外开放，或进行任意限制
参与者	所有人	任意人预先设定或由满足条件的后进成员决定哪些成员参与	由中心控制者决定哪些成员参与
中心化程度	分散	多中心化	中心化
是否需要激励	是	可选	否
特点	保护用户免受开发者的影响；数据默认公开；交易速度低	运维成本低；交易速度高、扩展性良好；隐私保障好	交易速度快；隐私保障好；交易成本明显降低
代表	以太坊、NEO、量子链（Qtum）	Ripple、R3	企业中心化系统上链

例 8-1：以太坊

以太坊是一个开源的有智能合约功能的公共区块链平台，通过以太币（Ether）提供分散的以太坊虚拟机（Ethereum Virtual Machine，EVM）来处理点对点合约。

以太坊可以用来创建分散的程序、自治组织和智能合约。较知名的以太坊应用举例如下。

- 物联网方面，芯片公司、物理 IP 创建者和生产者可以用蓝牙或近场通信进行验证；用户付费后可以打开智能锁，来对电动车充电。

- 智能电网方面，支付基础设施和分布式电网系统有效结合，追踪记录用户的用电量以及管理用户之间的电力交易，探寻电力数据实现货币化的可能性。

近年来，区块链技术应用越来越广泛，例如，在新能源电池的回收利用方面，电池保险、电池资产价值评估与交易等新业务相继涌现。电池数字产品护照使用全场景如图 8-4 所示，Web 3.0 是通过区块链等技术实现的下一代分散式互联网，采用 ITU-T Y.4560、ITU-T Y.IoT-BC-reqts-cap、ITU-T Y.Sup-IoT-BC、ITU-T YSTR.IoT-IMS、ITU-T Y.EV-PUD 等区块链技术相关国际标准，可以将物

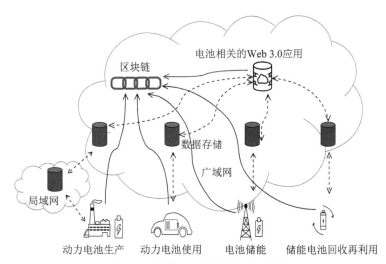

图 8-4　电池数字产品护照使用全场景

理电池状态的变化、归属的情况与数字产品护照进行同步，基于数字产品护照来构建电池资产的通证，利用区块链存储可信数据，在多方场景或产业链上下游搭建可信的信息桥梁，降低交易方之间的信任成本，有助于促进动力电池梯次利用、原材料回收等。

未来区块链技术发展的重要趋势之一是实现网络规模化部署。实现区块链网络规模化部署需要跨越以下 3 个阶段。

第一阶段，在电信基础设施网络上实现电信领域区块链网络规模化部署，形成全行业区块链网络规模化部署的早期雏形。

第二阶段，通过跨链技术实现电信网络规划化、不同行业区块链网络之间的跨链互通，形成服务社会的全行业区块链底层基础设施。

第三阶段，通过状态通道、链下计算等方式连接链上链下，打通区块链网络与链下网络，甚至与物理世界进行映射，让网络信任无所不在。

8.3.3 确定性网络、至简网络

确定性网络指利用网络资源打造的大带宽、低时延、低抖动、有确定性能力的网络，能为不同行业需求提供确定性业务体验。IEEE 先后成立了以太网音视频桥接（Audio Video Bridging，AVB）任务组、时间敏感网络（Time-Sensitive Networking，TSN）工作组，因特网工程任务组（Internet Engineering Task Force，IETF）瞄准不同的应用场景需求，成立了确定性网络（DetNet）工作组，旨在让通用网络满足不断扩大的应用范围的需求，之后再发展到确定性 IP 网络（DIP）工作组，但上述研究集中在固定网络。

移动网络空口侧是复杂多变的，端到端涉及的范围较广，网络确定性较难实现。应用场景需求的不断变化，例如，工业互联网、无人驾驶等时间敏感类业务应用对网络性能提出了确定性需求，需要保障极低的时延、微秒级抖动以及更高的可靠性，移动网络提出了更高的"准时、准确"的要求，即实现移动网原生确

定性。

移动网络要实现原生确定性，需要考虑如下内容。

第一，网络层面，接入网、传输网等所有网域需要实现全域辅助的精准感知与协同，包括资源动态收集、业务流精准调度，结合内生人工智能对整个系统进行精准感知、分析，快速决策响应等。

第二，业务层面，不同行业需要对确定性的需求指标与通信系统指标进行映射，移动网络原生确定性要实现行业需求到具体 SLA 指标的转化。

所有网域融合赋能垂直行业，都需要与 TSN 等技术体系进行网络架构协同、关键能力互通、网络边缘的管理。因此，确定性移动网络需要与多项新技术融合，为 6G 提供更精准、更强大的能力。

本书第 4 章中提到中国移动联合产业界共同发布了面向 6G 的《2030+ 愿景与需求报告》，该报告中提出了 6G 网络的至简特征，下面详细阐述至简网络的由来和特征。6G 网络有望实现空天地海一体化组网，具备通信感知一体化功能、多频率不同结构的网络深度融合，实现终端的统一接入。为了实现高效的多网异构融合，并且简化设备的实现方式和使用方式，6G 网络通过架构至简、协议至简、功能增强，来实现高效的数据传输、高鲁棒性的信令控制、按需功能部署，以提供网络的精准服务，从而有效降低网络的能耗和规模的冗余。具体来讲，移除和简化冗余的协议、简化非必要的数据传输，采用轻量级的无线网络，通过统一的信令交互来保证可靠的移动性管理和快速的业务接入，通过动态的数据接入加载来降低小区间的干扰和网络的能耗，通过基站功能的分阶段和按需加载，提供个性化的业务服务。其中，轻量级网络的核心是在尽量保持精度的前提下，从体积和速度两方面对网络进行轻量化改造。

8.3.4　分布式异构

每一代 3GPP 标准均以融合多种技术标准为目标之一，因此通信架构需满足业务需求和性能要求。为更好地支持万物智联及垂直行业应用，6G 应该真正具备对不同类型网络（技术）的智能动态自聚合能力，因此 6G 通信架构是自聚合通信架构，需要实现以更加智能、灵活的方式聚合不同类型的网络（技术），以动态、自适应地满足复杂多样的场景及业务需求。

业界展开 6G 网络架构的研究，例如中国移动提出了"三体四层五面"的总体架构设计，并在此基础上，进一步提出了架构实现的孪生、系统和组网设计。通过数字化方式创建虚拟孪生体，实现具备网络闭环控制和全生命周期管理的数字孪生网络（Digital Twin Network，DTN）架构。通过服务定义端到端的系统，实现全服务化架构（Holistic Service-Based Architecture，HSBA）。在组网上支持按需定制、即插即用、灵活部署的分布式自治网络（Distributed Autonomous Network，DAN）。

为了实现便利和高效的软硬件升级，6G 网络的软件将更为本地化、个性柔性化、开源化，硬件将更为集成化、模块化、白盒化。基于未来网络的发展趋势，现有的软件与数据云化、开源分布式网络软件及系统、开源网络安全、软硬件系统集成等技术将持续发展。

4G 和 5G 等多频段、多制式组网呈现明显的网络异构特征，而 6G 网络的分布式异构网络特征更加突出：接入方面，满足空、天等多种异构接入场景及网络性能需求；管理方面，具备让垂直行业网络、家庭网络、个人域网络及宏网络共存的网络管理能力；资源方面，实现算力、数据、内容及基础设施等网络资源的来源异构。

8.3.5　可信设计

6G 网络的安全边界将更加模糊，因此 6G 网络需要可信设计，ITU-T X.509 对信息通信技术领域的"可信"做出如下定义："一般地，当一个实体（第一个实体）假定第二个实体按第一个实体所期望的那样准确行事时，那么认为第一个实体'信任'第二个实体。"

6G 的可信设计核心原则是原生、平衡，具体指可信能力需要适应多样化的 6G 业务，以及在 6G 网络的部署、配置和运营的全生命周期内需要确保可信性，并且每个阶段都需要不断评估和改进。可用性、完整性、机密性是安全的基本特征，6G 可信设计需要综合考虑访客初始信任度、攻击成本和恢复速度。例如，6G 网络中不同业务对安全性保障需求不同，对攻击者的吸引力不相同，攻击成本和恢复速度也不尽相同。

8.4 智能内生

面对更多新的网络制式和技术的演进、信息通信技术产业不断融合等，运营商在网络运营能力方面面临更大的压力和挑战，由目前以人驱动为主的人治模式向以网络自我驱动为主的自治模式转变的智能化网络成为未来网络的发展趋势。

在前文提到，6G 总体愿景是任何人在任何时间、任何地点可与任何人进行任何业务通信，或与任何相关物体进行相关信息交互。6G 应用场景复杂，终端对网络性能的要求也更高，势必会加大网络优化难度，基于对 6G 愿景的需求分析，AI 与无线通信结合的技术是需要突破的关键之一。

2021 年 7 月，中国互联网协会发布了《中国互联网发展报告（2021）》，提及 2020 年人工智能产业规模达到了 3031 亿元。5G 时代，人工智能已经得到一定程度的发展，但在数据收集、传输过程会存在信息泄露等问题。6G 网络将以多层级内生、分布式协作、以服务为驱动的方式，把人工智能技术融合到无线技术中，实现无线网络自治、自调节以及自演进，做到"网随业变"。6G 网络将通过人工智能技术与无线网络协议栈多层级内嵌式深度融合，提高协议的灵活性和网络可靠性，提高数据分析和保障的智能决策的实时性。

人工智能在物理层传输主要有两种应用类型。一种是基于数据驱动的深度学习网络，它将无线通信系统看作黑盒，利用深度学习网络，依赖大量训练数据，完成无线通信系统输入到输出的训练。另一种是基于数据模型双驱动的深度学习网络，它是在无线通信系统原有技术的基础上，不改变无线通信系统的模型结构，利用深度学习网络代替某个模块，或者训练相关参数以提升某个模块的性能。上述两种类型面临下述问题。

第一，基于深度学习的 AI 算法的训练数据一般是特定信道条件下的数据，采用大量训练数据进行离线方式的参数训练优化，会与真实的无线信道的多样性及动态时变性产生矛盾。

第二，无线通信物理层传输的是复数信号，而目前深度学习处理信号常用实数信号，需要进一步探索具有无线通信信号特点的复数域的信号检测神经网络。

第三，AI 用于物理层传输的训练样本主要采用数学仿真生成，仿真数据可能忽略了部分实际通信环境带来的影响，需要解决有效获取足够的、实际可信的训练数据的问题。

目前网络的操作方式以及算法遵循预设的规则，难以动态地满足不断变化的网络环境和用户需求，因此需要在网络中引入智能内生网络的概念，来形成智能和自进化能力。

6G 智能内生是指 6G 网络支持感知 – 通信 – 决策 – 控制能力，能够自主感知周围环境以及应用服务特性，进行自动化决策与闭环控制，目标是实现网络零接触、可交互、会学习。智能内生网络除了需要网络实现自学习、自适应、自生成等功能特性，还需要支持各项智能内生能力的量化对比。智能内生网络包含新型网络架构和新型空口。新型网络架构利用网络节点的通信、计算和感知能力，通过分布式学习、群智式协同和云边端一体化算法部署，实现更强大的网络智能，支撑各类智慧应用；新型空口深度融合人工智能技术，打破现有无线空口模块化的设计框架，实现环境、资源、干扰、业务等多维度特性的深度挖掘和利用，提升无线网络性能。

智能内生网络构建步骤如下。

第一，构建包括智能数据及其相互作用的数学模型。

第二，采用立体感知信息元素的构造方法，以及具备全面、准确、及时的多维信息感知、提取和预测机制的全息网络立体感知技术。

第三，使用多维立体感知信息，研究计算、路由、缓存等各种类型资源的弹性分布，稳定提供跨层、跨领域协同优化的柔性的网络资源调度机制。

 ## 8.5 全息技术

英国物理学家丹尼斯·加博尔（Dennis Gabor）发明了全息（Holography）技术，并因此获得了诺贝尔物理学奖。全息即全部信息，全息技术利用干涉和衍射原理来记录物体的反射、透射光波中的振幅和相位信息，进而再现物体真实三维图像。

全息技术在学术科研领域的研究方向包含彩色全息术、动态计算全息术、计算全息三维显示、计算全息光学加密、计算全息编码等。全息技术衍生领域的研究方向包含模压全息、声全息、红外全息、光学全息扫描等。

以沉浸式全息影像技术为例，由于显示精度和数据下载速率等增强现实体验无法带来良好的用户体验，结合 6G、裸眼 3D 显示技术，沉浸式全息影像技术将大大改善用户的体验感，广泛应用于全息新闻与舞美、全息影院、全息体育、沉浸式主题餐厅、全息服务与销售等领域。

 ## 8.6 量子计算

IMT-2030（6G）推进组发布的《6G 网络架构愿景与关键技术展望白皮书》

中提到，"6G 时代面临量子计算机攻击威胁，传统基于计算复杂度的密码学安全，存在极大隐患"，并前瞻性地提出 6G 网络需要建设"主动免疫、弹性自治、虚拟共生、泛在协同"的安全内生防护体系，其中，要通过量子密钥、无线物理层密钥等增强的密码技术，为 6G 安全提供更强大的安全保证。2022 年 6 月，韩国移动运营商 LG U+ 宣布与韩国一所国立研究大学合作，使用量子计算机优化低地球轨道卫星网络的结构，以实现 6G 通信。量子计算在 6G 演进中将发挥重要作用。

量子计算是一种新型计算范式。量子计算机是一类遵循量子力学规律进行高速数学和逻辑运算、存储及处理量子信息的物理装置。量子位用来表示量子力学中的信息，是量子信息的计量单位，量子位可以同时处理 2^n 个（其中 n 是量子位的数量）状态的信息。量子计算机可以并行处理所有 2^n 个状态，运行速度较快，处理信息能力较强，应用范围较广。

现代互联网使用的加密标准是 RSA 算法（由 Ron Rivest、Adi Shamir、Leonard Adleman 提出的一种非对称加密算法），但是随着计算能力的不断提升，RSA 的安全性受到了挑战，因此出现了基于量子力学的"量子密钥分配"BB84 协议的量子密钥。基于该技术的量子保密通信技术不断发展，例如，天宫二号上的"量子密钥分配专项"通过在天上发射一个个单光子并在地面接收，生成"天机不可泄露"的量子密钥。

小结

本章探讨了 6G 网络架构，涉及虚拟云化、算力网络等，为 6G 网络架构演进提供参考和借鉴。以算力感知网络为代表的网络与计算融合成为通信技术新的发展趋势，通过计算与网络的深度融合及协同感知，实现算力服务的按需调度和高效共享。6G 相关技术将助力网络向性能优、服务好、安全可信等方向发展。

第 9 章　6G 产业链设计的潜在技术

回首 5G 等每代移动通信技术的发展，整体技术演进需要行业、产业的共同努力，6G 的演进也离不开产业链各环节的创新发展。本章基于产业链阐述相关潜在技术，期待业界共同努力，加快推进 6G 的发展。

 ## 9.1　新基建等上游产业的技术发展

以新基建（即新型基础设施建设）为例，它是提供数字转型、智能升级、融合创新等服务的基础设施体系。新基建一般包括如下 3 个方面，均与 6G 发展密切相关，新基建的大力发展推动了 6G 的发展。

1. 信息基础设施

信息基础设施包含以 5G 等为代表的通信网络基础设施，以人工智能等为代表的新技术基础设施，以及以数据中心等为代表的算力基础设施。

2. 融合基础设施

融合基础设施指人工智能等技术，支撑传统基础设施转型升级，进一步形成融合基础设施，而 6G 将成为 AI 等进一步普及的关键因素。

3. 创新基础设施

创新基础设施主要指支撑科学研究、技术开发、产品研制的具有公益属性的基础设施，例如 6G 相关技术开发的基础设施等。

9.2 工业互联网等中游产业的技术发展

德国于 2013 年首次提出了"工业 4.0"的概念。"工业 4.0"战略是指以物联网和务联网（Internet of Services，IoS）为基础，以新一代互联网技术为载体，充分融合互联网 + 制造业，构建智能工厂、实现智能制造，加速向制造业等工业领域全面渗透的技术革命。工业 4.0 利用信息化技术促进产业变革，"工业 4.0"战略是对工业 1.0（水力和蒸汽机实现的工厂机械化）、工业 2.0（电力广泛应用）、工业 3.0（基于可编程逻辑控制器的生产工艺自动化）的延伸。工业革命发展进程如图 9-1 所示，未来"工业 4.0+"有望基于万物智联、通信感知一体化等技术不断发展。

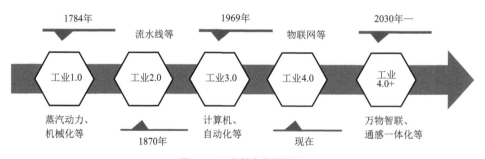

图 9-1 工业革命发展进程

2012 年美国通用电气公司提出了工业互联网的概念，"它将人、智能机器、高级分析系统通过网络融合在一起，通过数据 / 信息、硬件、软件和智能分析 / 决策的交互，使创新能力提高、资产运营优化、生产效率提高、成本降低和废物排放减少，进而带动整个工业经济发展"。业界称它为工业互联网 1.0，该概念与德国提出的"工业 4.0"战略有异曲同工之妙,被称为美国版"工业 4.0"。

为适应新时代、新形势、新需求,新一代人工智能技术拓展了工业互联网 4.0,将开启智慧工业互联网系统新阶段。智慧工业互联网系统是指在新一代人工智能技术引领下的人、信息空间与物理空间融合的新智慧资源、能力、产品智慧互联协同服务的复杂系统。智慧工业互联网系统具备如下特征。

1. 新目标

支持工业系统数字化转型与智慧化升级,实现"一念天地、万物随心、开放可信"。

2. 新技术

以新网络技术、新智能科学技术、新信息通信技术、新材料技术等新技术深度融合的数字化、网络化、云化、智能化技术为工具,提供随时随地的按需服务。

3. 新特征

支持人、机、物、环境、信息自主智能地感知、连接、协同、分析、认知、决策、控制与执行。

4. 新内容

促使人、技术、设备、管理、资金协同发展,形成数字化、网络化、云化、智能化的产品,以及设备、系统和全生命周期活动。

下一步,智慧工业互联网需要特别重视 5G/6G 网络与数据库 / 模型库 / 算法库和算力的建设,将新工业科学技术、新信息科学技术、新智能科学技术及工业应用领域技术深度融合,以促进技术的发展。

新终端、新设备，新天线，新器件、新材料、新工艺等下游产业研发

9.3.1　新终端、新设备

越来越多的智能手机配备了专门用于 AI 计算的内置神经网络处理单元。AI/ML 算法可用于执行许多计算密集型任务，如增强现实、面部识别和语音识别。为了推动创新应用的开发，移动设备的密集型任务借助大量的 AI API 可以卸载到边缘云，即边缘计算将充分利用下一代网络的超高数据传输速率、超低时延和超高可靠性。得益于边缘计算、云计算、本地 CPU、专用 AI 加速硬件，未来的新终端设备将利用分布式计算和学习，在保护隐私的同时，变得更加智能。

"双碳"目标下的低功耗难题需破解。6G 的频段更高、能耗比 5G 的更大，减碳将是 6G 研究的难点。在现有网络架构下，6G 的节能减排既需要明确标准，也需要进行高性能电池甚至无电池的研发。例如，为了获得较长的电池寿命，将在 6G 中应用各种能量收集方法，可以从周围的射频信号中收集能量，也可以从微振动和阳光中收集能量，后者的远程无线充电将是延长电池寿命的有效方法。

另外，通信感知一体化技术还支持新的感知能力，可实现手势识别、健康监测、非法侵入等功能。人与机器、物理世界和数字世界之间的交互将更加深入，例如触觉感知与虚拟现实技术结合在终端上的应用将为人类提供更加便利的生活。

例 9-1：将触觉感知与虚拟现实结合的无介质浮空成像技术应用于移动终端

无介质浮空成像技术在移动终端的应用原理及结构如图 9-2 所示，其结构包括移动终端（由移动终端处理器、空中成像模块和空中交互模块组成）和浮空操作屏（用于空中交互的操作屏幕）。无介质浮空成像技术在移动终端的应用设想

如图 9-3 所示，空中交互模块、空中放大成像模块内嵌于移动终端中间件，中间件可抽出并与移动终端显示阵列成一定夹角，移动终端显示阵列与水平面成一定夹角，移动终端的显示屏幕为高亮显示屏，其亮度满足一定要求，完成浮空成像。

图 9-2　无介质浮空成像技术在移动终端的应用原理及结构

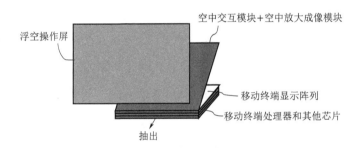

图 9-3　无介质浮空成像技术在移动终端的应用设想

移动终端处理器用于启动空中成像模块和空中交互模块，在移动终端的显示屏显示的画面中进行空中成像及与用户实现交互。

空中成像模块包含移动终端显示阵列和空中放大成像模块。显示屏发射光源后经过空中放大成像模块两次反射，在空中成实像。

空中交互模块包含红外激光模块、空中触控反馈模块、彩色摄像机、红外发射器和麦克风阵列等，采用人脸识别技术识别用户的脸、手势、语音和体感中的一种或多种，并根据识别结果确定相应的交互指令，移动终端处理器可以根据该交互指令和空中成像模块与用户进行交互。

其中，人脸识别技术主要包含人脸的检测和定位、特征提取和识别。人脸的检测和定位采用基于主成分分析（Principal Component Analysis，PCA）的人脸识别方法，检测图中是否有人脸，再将人脸分割出来，获取人脸或人脸上的某些器官在图像上的位置。特征提取需要构造特征矢量，使用多个样本图像的空间序列训练出一个模型，它的参数就是特征值，模板匹配法用相关系数作特征，输入归一化后的灰度图像，输出识别结果。识别是基于 K-L 变换（Karhunen-Loeve Transform）等方法，将待识别的图像或特征与人脸数据库里的图像或特征相匹配，使给出的人脸图像与数据库中某人脸图像及其名字关联。

红外激光模块中有红外激光器、摄像头、定位软件等。摄像头通过定位软件在空中获取画面的坐标点，定位空中成像画面，当手指或任何不透明的物体接触空中成像画面时，光线被反射到信号接收器，再通过对光电位置的精确计算得到手势的坐标，在空中进行触控。

彩色摄像机、红外发射器和麦克风阵列等可实时捕捉、检测并跟踪手、手指和类似手指的工具，感知用户的位置、动作和声音等，实现人脸、手势、语音或体感识别。

空中触控反馈模块从格状多位排列的超声波换能器中发出超声波振子，以空中任意位置的超声波振子为焦点，形成超声波，借助超声波给予用户触觉上的反馈，让用户可以在空中感受物体。

9.3.2 新天线

在 6G 时代，AI 将会被充分地集成到 6G 网络系统中。超大规模天线技术有助于提高无线移动通信系统的频谱效率，在 6G 网络应用中需要进行如下探索。

第一，跨频段、高效率、全空域覆盖天线射频领域的理论与技术的实现。

第二，研究大规模天线阵列与射频技术，应对多频段、高集成射频电路面临的低功耗、高效率等多项关键性挑战。

第三，新型大规模阵列天线设计理论与技术、高集成度射频电路优化设计理论与实现方法，以及高性能大规模模拟波束成形网络设计技术。

9.3.3　新器件、新材料、新工艺

太赫兹频段的电磁波面临大尺度衰落特性的挑战。目前，太赫兹相控阵列天线等仍需要在材料、器件等方面实现技术攻关，在新器件、新材料、新工艺方面探索如下。

第一，太赫兹天线由于工作频段极高，所对应的辐射单元物理尺寸极小，加工和制作难度高，这极大限制了可使用的太赫兹天线的形式。现阶段，反射面天线技术是实现高增益太赫兹天线的主要技术，但该技术很难实现灵活的波束成形，需要采用相控阵列天线来提升太赫兹天线的灵活性。

第二，多学科融合研究，推进关键器件等发展。针对 6G 大容量等技术特性，探索高效率、易集成的收发前端关键部件以及辐射、散热等关键技术，突破 XD-MIMO 前端系统技术等；研究新型器件设计方法，探索新型半导体芯片的集成与封装技术；研究从封装方面提升电路性能的方法，优化前端系统的射频性能。

第三，信号转换的有效实现方法是上下变频。混频器用来实现上下变频，目前，太赫兹频段混频器通常是基于具有非线性效应的肖特基二极管来实现的，肖特基二极管可以大幅度减少太赫兹波传输过程中的损耗，与砷化镓（GaAs）材料相比，磷化铟（InP）为衬底具有更高的载流子迁移率和非常高的饱和度，使得肖特基二极管的应用可以向更高的频率拓展。

这里需要说明的是，底层的射频技术和物理特性在 5G 时代已经备受关注，射频集成功率放大器的设计通常基于 GaAs、互补金属氧化物半导体（Complementary Metal Oxide Semiconductor，CMOS）、硅锗双极互补金属氧化物半导体（SiGe BiCMOS）等工艺。GaAs 工艺的射频特性和功率输出能力较好，但价格昂贵、工艺一致性差。CMOS 工艺的功率输出能力低，高输出功率场景的应用难度大。SiGe BiCMOS 工艺的性能介于上述两者之间，价格相对低廉，

并与 CMOS 电路兼容，适合中功率应用场合。6G 的发展将面临比 5G 更大的挑战，太赫兹信号的高效生成、调制、检测和解调是非常困难的问题，亟待解决，目前已取得一定进展。

第四，基于肖特基二极管的混频器可以在太赫兹频段有效实现通信信号的上下变频，但其发射功率、接收灵敏度还远不能满足实际应用的需求。目前，太赫兹通信技术的发展很大程度上受制于高功率信号的产生和高灵敏信号检测技术的发展。

第五，太赫兹波的波长短，研制太赫兹通信天线，需要研究机械结构优化设计和高精度加工技术，包括太赫兹天线主副反射面基准安装技术及检测标定方法等。

综上所述，在新器件、新材料、新工艺方面的新技术将对太赫兹通信距离、通信速率、通信误码率，以及通信系统的应用场景等产生深远影响。

小结

本章探讨了产业设计潜在技术，从产业链的上游、中游、下游进行了详细分析，以新基建、工业互联网、新终端等发展为例，展示了其与 6G 融合发展的新方向。相信在 6G 日新月异的发展中，产业链的发展也将向更广阔空间迈进。

第五部分

· 未来可期 ·

回顾通信发展进程，立足通信技术，在以人工智能为代表的多学科创新发展推动下，站在 6G 的新技术起点上，需要关注 6G 未来的发展方向、面临的问题和挑战。

第 10 章　展望

10.1　语义通信

由第 2 章中介绍的香农定理可知，虽然通信系统中传输的信息通常包含一定的语义信息，但是这些语义信息一般受到与通信物理信道及传输技术本身无关的诸多因素的影响。Weaver 将通信问题归纳为语法（如何准确传输）、语义（精确传达内容）、语用（接收的语音信息的最佳利用方式）3 个层面。随着人工智能等新技术语义通信的蓬勃发展，未来网络更加关注以"达意"为目标的语义通信。

语义通信致力于解决上述语义和语用层面的问题，目前主要有两个研究方向。

第一个方向，立足通信需求研究信息的精确传达，以 Zadeh 提出的模糊集合论和模糊事件来描述语义信息的模糊性等问题为代表，在香农定理的基础上进一步探索，未考虑信息语义理解的智能化需求，实际落地应用难度大。

第二个方向，从智能技术需求出发，研究最佳的利用信息。该研究方向对语义通信理论进行扩展并考虑实际应用。中国工程院张平院士研究团队在 2022 年提出了 6G"智简"网络，提出了全新的语义表征框架模型，即语义基（Semantic Base，Seb），进而构建了面向"智简"6G 的"一面 - 三层"智能高效语义通信网络架构。该网络架构通过语义智能平面以及基于语义基表征的语义信息流，将语义赋能的物理承载层、网络协议层和应用意图层相互连接，使网络具备更低的带宽需求、更低的冗余度、更准确的通信意图识别等能力。智能高效的语义通信（Intelligent and Efficient Semantic Communication，IE-SC）网络架构赋能人工智能和通信网络技术的一体化，实现 6G 网络中多种通信对象间的智能信息交互。另外，6G 网络中，如混合现实与自动驾驶中面向图像的语义通信是一种新型应用，Xie 等人进一步考虑多用户及多任务的语义通信方法，提出了基于 Transformer 的语义通信框架，并在机器翻译、图像检索和视觉问答智能任务上验证了所提方法的优越性。Jankowski 等人提出了边端协同的语义通信方法，大大提升了图像检索任务的性能。上述技术在图像语义通信模型中可以保证较好的语义通信效果，然而在语义通信取得快速发展的同时，也要看到，语义通信面临如下挑战和发展方向。

第一，基于语义基的语义信息表征，通信智能体对信息背后的确切内涵会有不同的理解。

第二，语义通信策略可能涉及语义相关的高层信息处理和物理层中的语义联合信源及通道编码等复杂内容，因此语义通信的普适度量框架抽象而且复杂。可以首先建立理论方法和编码技术，逐步使度量框架的内涵具体化，进而成体系构建出语义通信的基本性能界限。

第三，建立基于语义的通用意图驱动网络，其中基于语义基的编码和交互可能取代自然语言，有望实现高效的跨对象语义通信，而意图驱动的组网能力将成为数据和功能性网络的内生能力。

10.2 6G 时代的安全隐患

6G 网络的新应用丰富多样等诸多新特点将产生新的安全问题，给通信安全带来了新的挑战。

例如，对于所有上传到语义知识库的信息，应当具有完善的审查机制，提前

预测、建模和分析未来可能出现的新兴语义通信网络安全隐患，意义重大。6G
支持现有的安全协议，由此也继承了其漏洞和脆弱性。海量边缘设备收集的数据
可能包含大量的敏感数据，这些敏感数据可能面临着被滥用和泄露的风险。面向
6G 可信、可靠、智能的区块链分片与基于契约理论的激励机制等研究提升了 6G
网络的可信、可靠、智能化程度。通信双方的相互认证和端到端加密仍然面临挑
战。支持 6G 的海量连接终端需要实现合法用户的身份认证以准许其接入，并拒
绝非法接入，保证这些设备的大数据传输安全需要复杂的密码，因此终端功耗、
成本有所增加。

10.3 终端等设备的上中下游发展及协同

随着 6G 在应用领域的逐步推进，各信息行业"巨头"也早已展开布局。目
前，在国外，高通、苹果、微软等公司已加入 6G 联盟。在国内，银河航天的
"小蜘蛛网"试验星座计划将用于我国天地一体网络等技术验证，中兴通讯成立
了专门的机构研发 6G 网络和相关技术，紫光展锐宣布以终端领域为突破口强化
6G 研发及储备能力。根据 2021 年上半年国家知识产权局公布的数据，我国在全
球范围内的 6G 专利申请量居世界首位。

10.4 6G 涉及的交叉科学研究及技术协同设计

交叉科学是指"学科际"或"跨学科"研究活动，是两个或多个不同学科
专业间的取长补短。在 2022 年未来移动通信论坛主办的全球 6G 大会上，IEEE
Fellow、英特尔实验室的 Rath Vannithamby 表示，"6G 网络需要将通信、技术、
AI 无缝集成，来实现体验质量（Quality of Experience，QoE）。6G 网络必须成为
智能的、分布式的、可伸缩的程序平台，使其能够满足不断增加的应用需求。目

前，关于智能网络分布式集成技术的研究还在发展，需要交叉学科的学术研究，进行协同设计"。在 6G 涉及的潜在技术中，多学科多领域有待融合发展，下面举例说明。

例 10-1：算力问题

以算力利用率问题和算力分布均衡性问题为例。根据互联网数据中心（Internet Data Center，IDC）的数据，目前企业中分散的小算力利用率低，存在很大的浪费，单位能耗下的算力增速已经逐渐与数据量增速拉开差距，在不断挖掘芯片算力潜力的同时，必须考虑算力的资源调度问题。

例 10-2：系统的鲁棒性

传统的物理层设计采用分模块优化，这样可以保证每个模块性能最优，但是未达到整体性全局最优性能。而通过机器学习，可以使用神经网络代替模块级联，通过网络自主学习来获取最优的端到端映射方式。目前，利用人工智能进行物理层端到端及联合优化的方法备受推崇，但通信领域数据和其后隐藏的物理规律与计算机视觉面向的图像和视频数据差别非常大，直接使用现有方法处理通信领域的数据，无法达到全局最优性能，还需要考虑在变化快、实时性高的环境下训练网络的效率，因此在不同测试环境下训练好的网络系统鲁棒性的问题亟待攻克。

2020 年，我国教育部增加了"交叉学科"门类一级学科设置，13 大学科门类正式变更为 14 大学科门类。交叉学科在国家及省（自治区、直辖市）重大科学前沿难题、大科学工程、先进装备技术和"卡脖子"关键核心技术问题研究解决中扮演了重要角色，在未来 6G 的发展中，有望通过多学科融合发展，推进网络不断升级演进。

10.5 非技术性因素的挑战

参照 5G 的发展进程，6G 的顺利落地实现还需要迎接行业壁垒、消费者习惯及政策法规问题等非技术因素的挑战。

监管方面，卫星通信所用的轨道资源、频谱资源等都需要协商解决，卫星通信与地面通信相比，在全球漫游切换方面将面临更多的挑战。

用户需求方面，移动通信进入众多完全不同的垂直行业后，面临差异化极大的用户使用习惯，需要快速有效地改变垂直行业用户固有思维方式和习惯来适应新的技术发展。

频谱方面，频谱分配与使用规则也是限制因素，6G 需要频谱资源的有力监管，支持和更好地利用无线通信数据的承载频率。

隐私方面，支持 6G 的 AI 技术将允许创建互连设备的智能应用，传感和检测技术将从互连的设备中收集和分析大量相关数据，隐私的保护需要采取信令采集等技术手段，支撑网络、信息、数据安全事件的准确定位和责任判定，以明确基本安全责任划分，还需要政府进行监管、适时制定相关安全指南与法律法规。

小结

新技术的出现，赋予网络架构传统连接之外的计算、感知、智能、安全等多维能力的内在需求，这使得未来网络架构的设计任重而道远。新技术的广泛应用本身也是双刃剑，使用新技术可使能 6G 网络的一些新特性，但也可能会给网络带来更多的安全隐患。下一步需聚焦有待解决的问题，尽可能避免隐患的出现，让 6G 在人类社会发展中发挥更大的作用。

缩略语表

缩略语	英文全称	中文名称
2B	To Business	面向企业
2C	To Customer	面向用户
2G	2nd Generation Mobile Communication Technology	第二代移动通信技术
3G	3rd Generation Mobile Communication Technology	第三代移动通信技术
3GPP	3rd Generation Partnership Project	第三代合作伙伴计划
4G	4th Generation Mobile Communication Technology	第四代移动通信技术
5G	5th Generation Mobile Communication Technology	第五代移动通信技术
6G	6th Generation Mobile Communication Technology	第六代移动通信技术
AAU	Active Antenna Unit	有源天线单元
AI	Artificial Intelligence	人工智能
AIaaS	Artificial Intelligence as a Service	人工智能即服务
AM	Amplitude Modulation	调幅
AMC	Adaptive Modulation and Coding	自适应调制与编码
AMPS	Advanced Mobile Phone System	高级移动电话系统
ANN	Artifical Neural Network	人工神经网络
AP	Access Point	接入点
API	Application Program Interface	应用程序接口
AR	Augmented Reality	增强现实
ASGO-IN	Air-Space-Ground-Ocean Integrated Network	空天地海一体化网络
ASIC	Application Specific Integrated Circuit	专用集成电路
ASK	Amplitude-Shift Keying	幅移键控
ATIS	the Alliance for Telecommunications Industry Solutions	（美国）电信行业解决方案联盟
ATM	Asynchronous Transfer Mode	异步转移模式
AVB	Audio Video Bridging	音视频桥接
B2B	Business to Business	企业对企业

续表

缩略语	英文全称	中文名称
B2C	Business to Customer	企业对用户
BBU	Building Baseband Unit	室内基带单元
BCI	Brain-Computer Interface	脑机接口
BER	Bit Error Rate	误比特率
Block Wise LMMSE	Block Wise Linear Minimum Mean Squared Error	逐块线性最小均方误差
BLOS	Beyond-Line-Of-Sight	超视距
BPSK	Binary Phase-Shift Keying	二进制相移键控
BWP	Band Width Part	部分带宽
CA	Carrier Aggregation	载波聚合
CAN	Computing-Aware Networking	算力感知网络
CDM	Code-Division Multiplexing	码分复用
CDMA	Code-Division Multiple Access	码分多址
CLI	Cross Link Interference	交叉链路干扰
CMOS	Complementary Metal Oxide Semiconductor	互补金属氧化物半导体
CN	Core Network	核心网
CNN	Convolutional Neural Network	卷积神经网络
CP	Cyclic Prefix	循环前缀
CP-OFDM	Cyclic Prefix-Orthogonal Frequency-Division Multiplexing	循环前缀正交频分复用
CPU	Central Processing Unit	中央处理器
CR	Cognitive Radio	认知无线电
CS	Circuit Switching	电路交换
CS	Compressed Sensing	压缩感知
CT	Communication Technology	通信技术
D2D	Device-to-Device	设备到设备
DAN	Distributed Autonomous Network	分布式自治网络
DCS	Digital Cellular System	数字蜂窝系统
DFT	Discrete Fourier Transform	离散傅里叶变换

缩略语	英文全称	中文名称
DM	Delta Modulation	增量调制
DNN	Deep Neural Network	深度神经网络
DPCM	Differential PCM	差分脉冲编码调制
DRL	Deep Reinforcement Learning	深度强化学习
DSS	Dynamic Spectrum Sharing	动态频谱共享
DT	Decision Tree	决策树
DT	Digital Twin	数字孪生
DTC	Digital Twin Consortium	数字孪生体联盟
DTN	Digital Twin Network	数字孪生网络
ELF	Extremely Low Frequency	极低频
eMBB	enhanced Mobile Broadband	增强型移动宽带
EVM	Ethereum Virtual Machine	以太坊虚拟机
FBMC	Filter Bank Multi-Carrier	滤波器组多载波
FBMC-OQAM	Filter Bank Multi-Carrier with Offset Quadrature Amplitude Modulation	基于偏移正交幅度调制的滤波器组多载波
FCC	Federal Communications Commission	美国联邦通信委员会
FDD	Frequency-Division Duplex	频分双工
FDM	Frequency-Division Multiplexing	频分复用
FDMA	Frequency-Division Multiple Access	频分多址
FE	Fast Ethernet	快速以太网
FFT	Fast Fourier Transform	快速傅里叶变换
FM	Frequency Modulation	调频
F-OFDM	Filtered-Orthogonal Frequency-Division Multiplexing	滤波正交频分复用
FPGA	Field Programmable Gate Array	现场可编程门阵列
FSK	Frequency-Shift Keying	频移键控
FSOC	Free Space Optical Communication	自由空间光通信
FTN	Faster-than-Nyquist	超奈奎斯特
GA	Genetic Algorithm	遗传算法
GBSM	Geometry-Based Stochastic Model	基于几何的随机性模型

续表

缩略语	英文全称	中文名称
GMSK	Gaussian Minimum frequency-Shift Keying	高斯最小频移键控
GPS	Global Positioning System	全球定位系统
GPU	Graphics Processing Unit	图形处理单元
GSM	Global System for Mobile Communications	全球移动通信系统
HARQ	Hybrid Automatic Repeat reQuest	混合自动重传请求
HPC	High Performance Computing	高性能计算
HSBA	Holistic Service-Based Architecture	全服务化架构
IaaS	Infrastructure as a Service	基础设施即服务
ICI	Inter-Carrier Interference	载波间干扰
ICI	Interchannel Interference	信道间干扰
ICT	Information and Communication Technology	信息通信技术
IDC	Internet Data Center	互联网数据中心
IDFT	Inverse DFT	逆离散傅里叶变换
IEEE	Institute of Electrical and Electronics Engineers	电气电子工程师学会
IE-SC	Intelligent and Efficient Semantic Communication	智能高效的语义通信
IETF	Internet Engineering Task Force	因特网工程任务组
IFFT	Inverse Fast Fourier Transform	快速傅里叶逆变换
IM/DD	Intensity Modulation/Direct Detection	光强调制 / 直接检测
IMT	International Mobile Telecommunications	国际移动通信
IoS	Internet of Services	务联网
IoT	Internet of Things	物联网
ISAC	Integrated Sensing and Communication	通信感知一体化
ISDN	Integrated Services Digital Network	综合业务数字网
ISFFT	Inverse Symplectic Finite Fourier Transform	逆辛有限傅里叶变换
ISI	Intersymbol Interference	符号间干扰
ISL	Inter-Satellite Link	星际链路，又称星间链路
IT	Information Technology	信息技术
ITU	International Telecommunication Union	国际电信联盟
IWHT	Inverse Walsh-Hadmard Transform	沃尔什 – 哈达玛逆变换

续表

缩略语	英文全称	中文名称
JSCC	Joint Source-Channel Coding	信源信道联合编码
KPI	Key Performance Indication	关键性能指标
LED	Light Emitting Diode	发光二极管
Li-Fi	Light-Fidelity	光保真
LOS	Line-Of-Sight	视距
LSTM	Long Short Term Memory	长短期记忆
LTE	Long Term Evolution	长期演进技术
M2M	Machine-to-Machine	机器对机器
MA	Multiple Access	多址接入
MANET	Mobile Ad-Hoc Network	移动自组织网络
MEC	Mobile Edge Computing	移动边缘计算
MFGS	Matched Filtered Gauss-Seidel	匹配滤波高斯－赛德尔
MIMO	Multiple-Input Multiple-Output	多输入多输出
ML	Machine Learning	机器学习
mMTC	massive Machine Type Communication	大规模机器类通信，也称大连接物联网
MSK	Minimum frequency-Shift Keying	最小频移键控
NaaS	Network as a Service	网络即服务
NGA	NextG Alliance	NextG 联盟
NGC	Next Generation Core	下一代核心网
NLOS	Non-Line-Of-Sight	非视距
NN	Neural Network	神经网络
NOMA	Non-Orthogonal Multiple Access	非正交多址接入
NR	New Radio	新空口
NRZ	Non-Return to Zero	不归零
OAM	Orbital Angular Momentum	轨道角动量
OFDM	Orthogonal Frequency-Division Multiplexing	正交频分复用
OFDMA	Orthogonal FDMA	正交频分多址
OMA	Orthogonal Multiple Access	正交多址接入

续表

缩略语	英文全称	中文名称
OOK	On-Off Keying	通断键控
OQAM	Offset Quadrature Amplitude Modulation	偏移正交幅度调制
OTFS	Orthogonal Time Frequency Space	正交时频空间
OTSM	Orthogonal Time Sequency Multiplexing	正交时序复用
OvHDM	Overlapped Hybrid Division Multiplexing	时频二维重叠复用
OWC	Optical Wireless Communication	光无线通信
PaaS	Platform as a Service	平台即服务
PAM	Pulse Amplitude Modulation	脉冲幅度调制
PAPR	Peak to Average Power Ratio	峰值平均功率比
PCA	Principal Component Analysis	主成分分析
PCM	Pulse-Code Modulation	脉冲编码调制
PM	Phase Modulation	调相
PoS	Proof of State	权益证明
PoW	Proof of Work	工作量证明
PSD	Power Spectral Density	功率谱密度
PSK	Phase-Shift Keying	相移键控
QAM	Quadrature Amplitude Modulation	正交调幅
QoAIS	Quality of Artificial Intelligence Service	人工智能服务质量
QoE	Quality of Experience	体验质量
QoS	Quality of Service	服务质量
QPSK	Quadrature Phase-Shift Keying	正交相移键控
RAN	Radio Access Network	无线电接入网
RAT	Radio Access Technology	无线电接入技术
RB	Resource Block	资源块
RBG	Resource Block Group	资源块组
RF	Radio Frequency	射频
RIM	Remote Interference Management	远程干扰管理
RIS	Reconfigurable Intelligent Surface	智能超表面
RL	Reinforcement Learning	强化学习

续表

缩略语	英文全称	中文名称
RNN	Recurrent Neural Network	循环神经网络
RS	Reference Signal	参考信号
SaaS	Software as a Service	软件即服务
SAM	Spin Angular Momentum	自旋角动量
SBA	Service-Based Architecture	服务化架构
SCMA	Sparse Code Multiple Access	稀疏码分多址接入
SDMA	Space-Division Multiple Access	空分多址
SDN	Software Defined Network	软件定义网络
Seb	Semantic Base	语义基
SFFT	Symplectic Finite Fourier Transform	辛有限傅里叶变换
SIC	Successive Interference Cancellation	串行干扰消除
SINR	Signal to Interference Plus Noise Ratio	信号与干扰加噪声比
SL	Supervised Learning	监督学习
SLA	Service Level Agreement	服务水平协议
SLF	Super-Low Frequency	超低频
SNR	Signal-Noise Ratio	信噪比
SSL	Semi-Supervised Learning	半监督学习
SVM	Support Vector Machine	支持向量机
TACS	Total Access Communication System	全接入通信系统
TCP/IP	Transmission Control Protocol/Internet Protocol	传输控制协议 / 互联网协议
TDD	Time-Division Duplex	时分双工
TDM	Time-Division Multiplexing	时分复用
TDMA	Time-Division Multiple Access	时分多址
TD-SCDMA	Time-Division Synchronous CDMA	时分同步码分多址
TSN	Time-Sensitive Networking	时间敏感网络
TFSTE	Time Frequency Single Tap Equalizer	时频单抽头均衡器
TTI	Transmission Time Interval	传输时间间隔
UAV	Unmanned Aerial Vehicle	无人驾驶飞行器，简称无人机
UFMC	Universal Filtered Multi-Carrier	通用滤波多载波

续表

缩略语	英文全称	中文名称
UL	Unsupervised Learning	无监督学习
UMN	Unmanned Machine Network	无人机网络
URLLC	Ultra-Reliable and Low Latency Communication	超可靠低时延通信
V2X	Vehicle to Everything	信息交换
VLC	Visible Light Communication	可见光通信
VR	Virtual Reality	虚拟现实
WCDMA	Wideband CDMA	宽带码分多址
WDM	Wavelength Division Multiplexing	波分复用
WHT	Walsh-Hadmard Transform	沃尔什－哈达玛变换
Wi-Fi	Wireless Fidelity	无线保真
WLAN	Wireless Local Area Network	无线局域网
XD-MIMO	X-Dimension MIMO	超大规模天线，又称超维多天线
XR	Extended Reality	扩展现实

参考文献

[1] 张琦峰. 面向碳达峰目标的我国碳排放权交易机制研究 [D]. 杭州：浙江大学, 2021.

[2] 李伯虎, 柴旭东, 侯宝存, 等. 一种新型工业互联网——智慧工业互联网 [J]. 卫星与网络, 2021 (10)：28-35.

[3] 中国互联网协会. 中国互联网发展报告 [R/OL]. (2021-07-13) [2022-05-11].

[4] 小火车. 大话 5G[M]. 北京：电子工业出版社, 2016.

[5] 李道本. 重叠复用原理下加性白高斯噪声信道的容量 [J]. 北京邮电大学学报, 2016, 39 (6)：1-10.

[6] 王亚峰, 金婧, 王启星. 6G 背景下超奈奎斯特技术的机遇 [J]. 中兴通讯技术, 2021, 27 (2)：25-30.

[7] 李双洋. 超奈奎斯特传输技术研究 [D]. 西安：西安电子科技大学, 2021.

[8] 金光, 江先亮. 无线网络技术教程——原理、应用与实验 [M].3 版. 北京：清华大学出版社, 2017.

[9] 吕云翔, 王渌汀, 袁琪, 等. 机器学习原理及应用 [M]. 北京：机械工业出版社, 2021.

[10] 文常保, 茹锋. 人工神经网络理论及应用 [M]. 西安：西安电子科技大学出版社, 2019.

[11] 张小飞, 陈华伟, 仇小锋. 阵列信号处理及 MATLAB 实现 [M]. 北京：电子工业出版社, 2020.

[12] 傅祖芸. 信息论——基础理论与应用 [M].5 版. 北京：电子工业出版社, 2022.

[13] 吴军 . 全球科技通史 [M]. 北京 : 中信出版社 , 2019.

[14] 切尔奇纳尼 . 玻尔兹曼 : 笃信原子的人 [M]. 胡新和 , 译 . 上海 : 上海科学技术出版社 , 2002.

[15] 3GPP. Study on channel model for frequencies from 0.5 to 100GHz:3GPP TR 38.901 V16.0.0[R/OL].(2019-10)[2023-05-11].

[16] 3GPP. Base station (BS) radio transmission and reception. 3rd Generation Partnership Project; Technical Specification Group Radio Access Network: 3GPP TS 38.104 V15.18.0[R/OL].(2022-09)[2023-05-11].

[17] 3GPP. Physical channels and modulation. 3rd Generation Partnership Project; Technical Specification Group Radio Access Network: 3GPP TS 38.211 V17.3.0[R/OL].(2022-09)[2023-05-11].

[18] 3GPP. Physical layer procedures for control. 3rd Generation Partnership Project; Technical Specification Group Radio Access Network: 3GPP TS 38.213 V16.11.0[R/OL].(2022-09)[2023-05-11].

[19] 3GPP. Physical layer procedures for data. 3rd Generation Partnership Project; Technical Specification Group Radio Access Network: 3GPP TS 38.214 V16.11.0[R/OL].(2022-09)[2023-05-11].

[20] 3GPP. User equipment (UE) radio access capabilities. 3rd Generation Partnership Project; Technical Specification Group Radio Access Network: 3GPP TS 38.306 V15.18.0[R/OL].(2022-09)[2023-05-11].

[21] 3GPP. Radio resource control (RRC) protocol specification. 3rd Generation Partnership Project; Technical Specification Group Radio Access Network: 3GPP TS 38.331 V16.9.0[R/OL].(2022-06)[2023-05-11].

[22] 3GPP. Physical layer; General deion(Release 15),3GPP TS 38.201 V17.0.0[R/

OL].(2021-12)[2023-05-11].

[23] 3GPP. Xn application protocol (XnAP).3rd Generation Partnership Project; Technical Specification Group Radio Access Network: 3GPP TS 38.423 V17.2.0[R/OL].(2022-09)[2023-05-11].

[24] ROHLING H. OFDM: Concepts for future communication systems [M]. Berlin: Springer-Verlag Berlin and Heidelberg GmbH & Co.K,1988.

[25] 彭健, 孙美玉, 滕学强 . 6G 愿景及应用场景展望 [J]. 中国工业和信息化, 2020 (9) : 18-25.

[26] 赛迪智库 . 6G 全球进展与发展展望白皮书 [R/OL]. (2021-04) [2022-05-11].

[27] 滕学强, 彭健 . 世界各国积极推进 6G 研究进展 [J]. 信息化建设, 2020 (6) : 59-61.

[28] YOU X H, WANG C X,HUANG J,et al.Towards 6G wireless communication networks: vision, enabling technologies, and new paradigm shifts[J]. Science China Information Sciences, 2021, 64(1):1-74.

[29] 王亦菲, 闻立群, 李明豫 . 全球 6G 产业及政策进展研究 [J]. 信息通信技术与政策 , 2022 (9) : 71-75.

[30] 苑朋彬, 丁树芹, 吴思 . 美国、欧盟、中国 6G 主要研发行动对比研究 [J]. 全球科技经济瞭望 , 2022, 37 (12) : 41-44+56.

[31] 童文, 朱佩英 .6G 无线通信新征程：跨越人联、物联，迈向万物智联 [M]. 北京 : 机械工业出版社 , 2021.

[32] 中国移动研究院 .2030+ 愿景与需求报告 [R/OL]. (2019-11) [2022-05-11].

[33] 诺基亚贝尔实验室 .6G 通信白皮书 [R/OL]. (2021-02) [2022-05-11].

[34] 广东省新一代通信与网络创新研究院，清华大学，北京邮电大学，北京交通大学，中国联通，中兴通讯，中国科学院空天信息创新研究院 .6G 无线热点

技术研究白皮书 [R/OL]. (2020-09) [2022-05-11].

[35] IMT-2030 (6G) 推进组. 6G 网络架构愿景与关键技术展望白皮书 [R/OL].
(2021-09-16) [2022-05-11].

[36] IMT-2030 (6G) 推进组. 6G 典型场景和关键能力 [R/OL]. (2021-09-16)
[2022-05-11].

[37] IMT-2030 (6G) 推进组. 超大规模天线技术研究报告 [R/OL]. (2021-09-16)
[2022-05-11].

[38] IMT-2030 (6G) 推进组. 通信感知一体化技术研究报告 [R/OL]. (2021-09-17)
[2022-05-11].

[39] IMT-2030 (6G) 推进组. 太赫兹通信技术研究报告 (第二版) [R/OL]. (2022-
09) [2022-10-11].

[40] IMT-2030 (6G) 推进组. 智能超表面技术研究报告 [R/OL]. (2021-09-17)
[2022-05-11].

[41] IMT-2030 (6G) 推进组. 无线 AI 技术研究报告 [R/OL]. (2021-09-17) [2022-
05-11].

[42] IMT-2030 (6G) 推进组. 6G 总体愿景与潜在关键技术白皮书 [R/OL]. (2021-
06) [2022-05-11].

[43] IMT-2030 (6G) 推进组. 6G 网络安全愿景技术研究报告 [R/OL]. (2021-09-
17) [2022-05-11].

[44] 中国移动通信有限公司研究院. 6G 全息通信业务发展趋势白皮书 [R/OL].
(2022-02-25) [2022-06-11].

[45] 小米科技有限责任公司. 6G, 改变世界白皮书 [R/OL]. (2022-06-07) [2022-
06-11].

[46] 中国电信股份有限公司研究院, 网络通信与安全紫金山实验室. 基于云网

融合的 6G 关键技术白皮书 [R/OL]. (2022-08-25) [2022-09-15].

[47] SWG IMT-2030.Framework and overall objectives of the future development [R/OL]. (2023-06-22) [2023-06-30].

[48] 网络通信与安全紫金山实验室 . 区块链赋能 6G 移动通信白皮书 [R/OL]. (2021-06) [2022-09-15].

[49] IMT-2030 (6G) 推进组 . 6G AI 即服务 (AIaaS) 需求研究 [R/OL]. (2023-04) [2023-05].

[50] Next G Alliance.Next G Alliance report:roadmap to 6G. [R/OL]. (2022-01) [2022-05].

[51] BI Q. The proximity radio access network for 5G and 6G[J].IEEE Communications Magazine,2022,60 (1) :67-73.

[52] 韩晓梅 . 毫米波 MIMO 信道估计算法研究 [D]. 南京：南京邮电大学 , 2022.

[53] 张景 . 基于低秩张量分解的毫米波大规模 MIMO 系统信道估计研究 [D]. 上海：上海师范大学 , 2021.

[54] 黄鸿清，刘为，伍沛然，等 . 机器学习在无线信道建模中的应用现状与展望 [J]. 移动通信 , 2021, 45 (4) : 95-104.

[55] 钟明轩 . 随机矩阵理论在 MIMO 通信系统中的应用研究 [D]. 成都：电子科技大学 , 2013.

[56] 袁全 . 毫米波太赫兹平面近场测量技术及高增益天线的研究 [D] . 南京：东南大学 , 2021.

[57] 胡宝法，林明辉，陈文 . Ev-Do 多载波覆盖一致性控制研究 [J]. 电信科学 , 2015, 31 (8) : 189-194.

[58] 陈雷 . 基于通用滤波的无线通信新型多载波传输技术关键问题研究 [D]. 北京：北京邮电大学 , 2020.

[59] 刘传宏, 郭彩丽, 杨洋, 等. 面向智能任务的语义通信: 理论、技术和挑战 [J]. 通信学报. 2022, 43 (6): 41-57.

[60] 张瑞齐. 高速移动场景中基于 MIMO-OFDM 的信道估计和预编码方法研究 [D]. 北京: 北京交通大学, 2021.

[61] REG A. Unmanned Aircraft Systems[M]. Salt Lake: American Institute of Aeronautics & Astronautics, 2010.

[62] The MathWorks, Inc. F-OFDM vs. OFDM Modulation. [R/OL]. (2023) [2023-05-15].

[63] The MathWorks, Inc. FBMC vs. OFDM Modulation. [R/OL]. (2023) [2023-05-15].

[64] The MathWorks, Inc. UFMC vs. OFDM Modulation. [R/OL]. (2023) [2023-05-15].

[65] 黄永明, 郑冲, 张征明, 等. 大规模无线通信网络移动边缘计算和缓存研究 [J]. 通信学报, 2021, 42 (4): 44-61.

[66] 姚惠娟, 陆璐, 段晓东. 算力感知网络架构与关键技术 [J]. 中兴通讯技术, 2021, 27 (3): 7-11.

[67] 刘琦. 基于云原生应用平台实现应用服务可造性 [J]. 无线互联科技, 2019, 16 (5): 62-65.

[68] 杨坤, 姜大洁, 秦飞. 面向 6G 的智能表面技术综述 [J]. 移动通信, 2020, 44 (6): 70-74+81.

[69] 廖希, 周晨虹, 王洋, 等. 面向无线通信的轨道角动量关键技术研究进展 [J]. 电子与信息学报, 2020, 42 (7): 1666-1677.

[70] 贾珊珊, 杨天宇. "东数西算" 启动　八大算力枢纽蓄势待发 [J]. 中国工业和信息化. 2022 (4): 46-49.

[71] 王祎，冰徐瑶，王玢．面向数字孪生时代的6G网络及其关键技术分析[J]. 数字通信世界，2022 (8)：50-52.

[72] 厉东明，杨旋．6G物理层安全技术综述[J].移动通信，2022, 46 (6)：60-63.

[73] 李建龙．非理想参数下的大规模MIMO能效优化方法研究[D].西安：西安电子科技大学，2018.

[74] 苏思奇．FB-OFDM系统中峰均功率比抑制算法研究[D].武汉：华中科技大学，2021.

[75] 杨婧，余显祥，沙明辉．MIMO系统探通一体化信号矩阵设计方法[J].雷达学报，2023, 12 (2)：262-274.

[76] 柴录．基于信号增强密度星座图和深度学习的通信信号识别方法[D].北京：北京邮电大学，2021.

[77] 陈建侨．大规模MIMO信道建模与信道估计技术研究[D].北京：北京邮电大学，2021.

[78] ZHI Q W, WEI J Y, SHUANG Y L,et al. Orthogonal Time-Frequency Space Modulation: a promising next-generation waveform. [J]. IEEE Wireless Communications. 2021 (28): 4, 136-144.

[79] 徐琴．基于USRP RIO的FBMC-OQAM通信系统中信道估计的设计与实现[D].武汉：华中科技大学，2019.

[80] 赵金鑫，万海斌，黎相成．融合通用滤波多载波的非正交多址接入技术[J]. 电讯技术，2019, 59 (3)：288-293.

[81] 陈泰宇．基于OFDM的宽带卫星通信系统信道估计与均衡技术研究[D].北京：北京邮电大学，2018.

[82] 徐姣姣．室内密集覆盖下可见光通信与定位及其联合布局研究[D].合肥：中国科学技术大学，2022.

[83] 郜崇. 用户为中心无人机基站网络波束管理与性能分析 [D]. 北京：北京邮电大学, 2021.

[84] 卢旭阳, 毛军发, 吴林晟, 等. 太赫兹射频器件与集成技术研究 [J]. 太赫兹科学与电子信息学报. 2023, 21 (04)：393-436.

[85] 张海君, 苏仁伟, 唐斌. 未来海洋通信网络架构与关键技术 [J]. 无线电通信技术, 2021, 47 (4)：384-391.

[86] 张磊, 陈晓晴, 郑熠宁. 电磁超表面与信息超表面 [J]. 电波科学学报, 2021, 36 (6)：817-828.

[87] 刘超, 陆璐, 王硕. 面向空天地一体多接入的融合 6G 网络架构展望 [J]. 移动通信, 2020, 44 (6)：116-120.

[88] 周洪宇. 实时可见光通信中的关键技术研究与系统实现 [D]. 北京：北京邮电大学, 2022.

[89] 宋江峰. 面向物联网的无源反向散射通信技术研究 [D]. 西安：西安电子科技大学, 2022.

[90] 周升辉, 杨强, 邓维波. 压缩感知分布式多输入多输出高频雷达信息处理 [J]. 电波科学学报, 2012, 27 (2)：409-414+423.

[91] 郭忠义, 汪彦哲, 王运来. 涡旋电磁波旋转多普勒效应研究进展 [J]. 雷达学报, 2021, 10 (5)：725-739.

[92] 王承祥, 黄杰, 王海明, 等. 面向 6G 的无线通信信道特性分析与建模 [J]. 物联网学报, 2020, 4 (1)：19-32.

[93] 林诗意, 张磊, 刘德胜. 基于区块链智能合约的应用研究综述 [J]. 计算机应用研究, 2021, 38 (9)：2570-2581.

[94] 张静, 金石, 温朝凯. 基于人工智能的无线传输技术最新研究进展 [J]. 电信科学, 2018, 34 (8)：46-55.

[95] 李晖.宽带天线和轨道角动量天线技术研究 [D].西安：西安电子科技大学，2019.

[96] 徐兵追.可见光通信高速传输链路的设计与实现 [J].无线互联科技，2022，19 (24)：13-15.

[97] 李南希.基于混合模拟与数字结构的规模天线阵列系统关键技术研究 [D].北京：北京邮电大学，2018.

[98] 张扬宪.基于虚拟化的超密集组网资源分配研究 [D].厦门：厦门大学，2019.

[99] 周明睿.基于深度神经网络和半监督学习的视频流量分类 [D].南京：南京邮电大学，2022.

[100] ALLEN L, BEIJERSBERGEN M W, SPREEUW R J,et al.Orbital angular momentum of light and the transformation of Laguerre-Gaussian laser modes[J].Physical Review A,Atomic Molecular, and Optical Physics,1992,45(11):8185-8189.

[101] KRENN M,FICKLER R,FINK M,et al.Communication with spatially modulated light through turbulent air across Vienna[J].New Journal of Physics,2014(16):113028.

[102] BO THIDÉ,FABRIZIO TAMBURINI,ELETTRA MARI,et al.Radio beam vorticity and orbital angular momentum[J].Physics,2011:1-3.

[103] TENNANT A,ALLEN B.Generation of OAM radio waves using circular time-switched array antenna[J].Electronics Letters,2012,48(21):1365-1366.

[104] ZHAO Z,YAN Y,LI L,et al.A dual-channel 60 GHz communications link using patch antenna arrays to generate data-carrying orbital-angular-momentum beams, May 22-27, 2016 [C].IEEE International Conference on

Communications, Piscataway, NJ: IEEE,2016.

[105] THAJ T,VITERBO E.Orthogonal Time Sequency Multiplexing Modulation, June 18, 2021 [C].2021 IEEE Wireless Communications and Networking Conference (WCNC), Piscataway, NJ: IEEE, 2021.

[106] TULINO A M,VERDÚ S.Random matrix theory and wireless communications [J].Foundations and Trends in Commuications and Information Theory, 2004, 1(1): 181-186.

[107] HOYDIS J,KOBAYASHI M,DEBBAH M.Asymptotic performance of linear receivers in network MIMO, November 07-10, 2010 [C].IEEE Asilomar Conference on Signals,Systems,and Computers(ASILOMAR), Piscataway, NJ: IEEE, 2011.

[108] WADA M,YENDO T,FUJII T,et al.Road-to-vehicle communication using LED traffic light, June 06-08, 2005 [C]. IEEE intelligent vehicles symposium, Piscataway, NJ: IEEE, 2015.

[109] JONG H Y,RIMHWAN L,JUN K O,et al.Demonstration of vehicular visible light communication based on LED headlamp, July 02-05, 2013 [C]. 2013 Fifth International Conference on Ubiquitous and Future Networks(ICUFN), Piscataway, NJ: IEEE, 2013.

[110] LIVERIS A D,GEORGHIADES C N.Exploiting faster-than-Nyquist signaling[J].IEEE Transactions on Communications,2003,51(9):1502-1511.

[111] TÜCHLER M, SINGER A C. Turbo equalization: an overview[J]. IEEE Transactions On Information Theory, 2011, 57(2):920-952.

[112] NYQUIST H.Certain topics in telegraph transmission theory[J]. Transactions of the American Institute of Electrical Engineers, 1928, 47(2):617-644.

[113] MAZO J E.Faster-than-Nyquist signaling[J].Bell System Technical Journal, 1975, 54:1451-1462.

[114] LIVERIS A D,GEORGHIADES C N.Exploiting faster-than-Nyquist signaling[J].IEEE Transactions on Communications,2003,51(9): 1502-1511.

[115] DARWAZEH I,XU T,GUI T,etl. Optical sefdm system; bandwidth saving using non-orthogonal sub-carriers[J].IEEE Photonics Technology Letters, 2014,26(4):352-355.

[116] SHANNON C E. Communication in the presence of noise[J]. Proceedings of the IEEE, 1998,86(2):447-457.

[117] TONOUCHI M.Cutting edge terahertz technology[J].Nature Photon, 2007, 1:97-105.

[118] SHASTIN V N.Hot hole inter-sub-band transition p-Ge FIR laser[J].Optical and Quantum Electronics,1991,23(2):111-131.

[119] KOHLER R,TREDICUCCI A,BELTRAM F,et al.Terahertz semiconductor-heterostructure laser[J].Nature,2002, 417:156-159.

[120] SCALARI G, AJILI L,FAIST J,et al.Far-infrared (87 μm) bound-to-continuum quantum-cascade lasers operating up to 90 K[J].Applied Physics Letters, 2003,82:3165-3167.

[121] J SINOVA, D CULCER, Q NIU, et al.Universal intrinsic spin hall effect[J]. Physical Review Letters,2004, 92(12): 126603.1–126603.4.

[122] BACHMANN D,LEDER N,RÖSCH M,et al.Broadband terahertz amplification in a heterogeneous quantum cascade laser[J]. Optics Express,2015, 23(3):3117-3125.

[123] AMBACHER O, SMART J, SHEALY J R,et al. Two-dimensional electron gases

induced by spontaneous and piezoelectric polarization charges in N- and Ga-face AlGaN/GaN heterostructures[J].Journal of Applied Physics, 1999,85(6):3222-3233.

[124] CHANG H T,BIAN J,WANG C X,et al.A 3D non-stationary wide band GBSM for low-altitude UAV-to-ground V2V MIMO channels[J].IEEE Access,2019,7:70719-70732.

[125] ABDOLI J,JIA M, MA J.Filtered OFDM: a new waveform for future wireless systems, June 28-July 01, 2015[C].2015 IEEE 16th International Workshop on Signal Processing Advances in Wireless Communications(SPAWC), Piscataway, NJ: IEEE, 2015.

[126] SCHELLMANN M,ZHAO Z,HAO L.FBMC-based air interface for 5G mobile: Challenges and proposed solutions,June 02-04,2014[C].2014 9th International Conference on Cognitive Radio Oriented Wireless Networks and Communications (CROWNCOM),Piscataway,NJ : IEEE，2014.

[127] GUO H Y,LIANG Y C,CHEN J,et al.Weighted sum-rate optimization for intelligent reflecting surface enhanced wireless networks,December 09-13, 2019[C]. 2019 IEEE Global Communications Conference (GLOBECOM), Piscataway, NJ: IEEE, 2020.

[128] SCHAICH F,WILD T,CHEN Y.Waveform contenders for 5G - suitability for short packet and low latency transmissions,May 18-21,2014[C].Vehicular Technology Conference,Vancouver, British Columbia, Piscataway, NJ: IEEE，2015.

[129] WILD T,SCHAICH F,CHEN Y J.5G air interface design based on Universal Filtered (UF-)OFDM,August 20-23,2014[C].Proceedings of the 19th International Conference on Digital Signal Processing,Piscataway, NJ: IEEE,

2014.

[130] HONG Y, THAJ THARAJ, VITERBO EMANUELE.Delay-Doppler Communications:principles and applications[M]. Melbourne: Academic Press,2022.

[131] RAVITEJIA P, PHAN K T,HONG Y.Interference cancellation and iterative detecion for orthogonal time frequency space modulationin[J].IEEE Transaction on Wireless Communications, 2018, 17(10):6501-6515.

[132] THARAJ T,EMANUELE V.Low Complexity iterative rake decision feedback equalizer foe zero-padded OTFS systems[J].IEEE Transactions on Vehicular Technology, 2020, 69(12): 15606-15622.

[133] TSE D,VISWANATH P.Fundamentals of wireless communication[M]. Cambridge:Cambridge University Press, 2005.

[134] FINN N.Huawei Technologies Co.Ltd.Time-sensitive and Deterministic Networking Whitepaper [R/OL].(2017-07-11)[2022-11-11].

[135] HU S,RUSEK F,EDFORS O.The potential of using large antenna arrays on intelligent surfaces,in Proc, June 04-07,2017[C]. 2017 IEEE 85th Vehicular Technology Conference (VTC Spring), Piscataway, NJ: IEEE, 2017.

[136] HU S,RUSEK F,EDFORS O.Beyond massive MIMO: the potential of data transmission with large intelligent surfaces[J].IEEE Transactions on Signal Processing, 2018, 66(10):2746-2758.

[137] DANESHGAR S,BUCKWALTER J F.Compact series power combining using subquarter wavelength baluns in silicon germanium at 120 GHz[J].IEEE Transactions on Microwave Theory and Techniques, 2018,66(11):4844-4959.

[138] URTEAGA M,GRIFFITH Z,SEO M,et al.InP HBT technologies for THz

integrated circuits[J].Proceedings of the IEEE,2017,105(6):1051-1067.

[139] ITU-T.Blockchain-based data exchange and sharing for supporting Internet of things and smart cities and communities.ITU-T Y.4560.[R/OL].(2020-08)[2023-10-11].

[140] ITU-T. IoT requirements and capabilities for support of blockchain.ITU-T Y.IoT-BC-reqts-cap. [R/OL].(2023-09-22)[2023-10-11].

[141] ITU-T.Sup-IoT-BC.Applicability cases of blockchain in the IoT.ITU-T Y.Sup-IoT-BC.[R/OL].(2023-09-22)[2023-10-11].

[142] ITU-T.Requirements and capability framework for identification management service of IoT device.ITU-T YSTR.IoT-IMS.[R/OL].(2023-09-22)[2023-10-11].

[143] ITU-T.Requirements of electric vehicle power usage data acquisition and management for smart city.ITU-T Y.EV-PUD.[R/OL].(2023-09-22)[2023-10-11].

[144] HU Q,ZHANG G,QIN Z J,et al.Robust semantic communications against semantic noise, September 26-29, 2022[C].Proceedings of 2022 IEEE 96th Vehicular Technology Conference(VTC2022-Fall), London, Beijing, 2022 Piscataway, NJ: IEEE 2023.

[145] IEEE Communication Society.Best Readings in Reconfigurable Intelligent Surfaces [EB/OL].(2020-09)[2022-11-11].

[146] 教育部网站.国务院学位委员会 教育部关于设置"交叉学科"门类、"集成电路科学与工程"和"国家安全学"一级学科的通知 [EB/OL]. (2021-01-14) [2022-11-11].

[147] 中国信息通信研究院.ICT 产业创新发展白皮书 [R/OL]. (2020-10) [2022-05-11].

[148] 秦璐，李易，林仙铖，等.基于机器学习的比特币实体分类方法研究综述 [J].海南师范大学学报（自然科学版），2023, 36 (1)：38-45+52.

[149] 任南.FBMC 系统中信道估计均衡及同步技术研究 [D].西安：西安电子科技大学, 2022.

[150] 樊昌信，曹丽娜.通信原理 [M].北京：国防工业出版社, 2012.

[151] 李蕊.视距多天线无线通信关键技术研究 [D].南京：东南大学, 2020.

[152] 孙悦雯，柳文章，孙长银.基于因果建模的强化学习控制：现状及展望 [J].自动化学报.2023, 49 (3)：661-677.

[153] 朱建月.宽带无线通信系统中的非正交多址接入技术 [D].南京：东南大学, 2022.

[154] 罗俊，刘驰，王丙磊.融合量子密钥分配的电信运营商密码应用体系 [J].电信科学, 2023, 39 (1)：136-145.

[155] 崔云.基于滤波器组的多载波技术在认知无线电中的应用研究 [D].杭州：浙江大学, 2011.

[156] 米璐，舒勤.基于训练序列的 FMBC 系统符号定时同步改进算法 [J].计算机应用研究, 2012(6)：2019-2111.

[157] 何宗苗.基于滤波器组多载波的无线通信传输技术研究 [D].成都：电子科技大学, 2020.

[158] 中国信息通信研究院.中国积极贡献 ITU-R 如期完成 6G 未来技术趋势研究报告 [J].网络新媒体技术, 2022, 11 (4)：75.

[159] 黄源.基于压缩感知的 MIMO 系统稀疏信道估计方法研究 [D].合肥：合肥工业大学，2021.

[160] 汪春霆，卢宁宁，翟立君，等.卫星通信与地面 5G 融合技术初探（三）[J].卫星与网络, 2019(3)：30-35.

8101921262839

[161] 郭明皓. 基于非完全重构的滤波器组多载波技术研究 [D]. 南京：东南大学，2019.

[162] 龙航，王淼，徐林飞，等. OTFS 技术研究现状与展望 [J], 电信科学，2021, 37 (9) : 57-63.

[163] 张高远. 极低信噪比下的相位差错及其采用 LDPC 码的差错控制 [D]. 成都：电子科技大学，2015.

[164] 晏坚. 低轨卫星星座网络 IP 路由技术研究 [D]. 北京：清华大学，2010.

[165] 数字孪生世界企业联盟，杭州易知微科技有限公司. 数字孪生世界白皮书 [R/OL]. (2022-05-13) [2022-05-11].

[166] 彭木根，孙耀华，王文博. 智简 6G 无线接入网：架构、技术和展望 [J]. 北京邮电大学学报，2020, 43 (3) : 1-10.

[167] BAYESTEH A, 何佳，陈雁，等. Huawei Technologies Co.Ltd. 通信感知一体化：从概念到实践 [R/OL]. (2022-09) [2022-12-10].

[168] ZHANG P, XU W J, GAO H, et al. Toward wisdom-evolutionary and primitive-concise 6G: a new paradigm of semantic communication networks[J]. Engineering,2022,8(1):60-73.

[169] 李晓军，刘晋东，李丹涛，等. 从 LTE 到 5G 移动通信系统——技术原理及其 LabVIEW 实现 [M]. 北京：清华大学出版社，2020.

致　谢

作为电信运营商从业人员，这些年，我见证了通信技术的迅猛发展。在从业期间，我一直保持着"学生"的初心，在学习 6G 技术的同时，与各位读者分享相关知识，希望立足通信、计算机等基础知识，由浅到深逐层剖析 6G 新技术，期待满足通信技术相关领域从业者、爱好者的阅读需求。

感谢浙江凡双科技股份有限公司舒晓军董事长、杭州中威电子股份有限公司史故臣副总经理为本书作序。

我从业以来，得到许多领导和同事的帮扶，特别感谢程新洲总监、王振华经理、王建海经理、何国华经理、刘宏嘉主任、刘光海研究员、徐乐西研究员等人的帮助。

感谢撰写书稿期间亲友的大力支持，特别感谢恩师华惊宇教授的帮助，感谢胡海波、朱政、王镇鑫、李鸣杰、姚森森、张忠皓、刘秋妍、周康、高仁峰、姜海洋、黄秀珍、罗家波、伍一帆、张岩等人的支持。

此书献给敬爱的父亲和亲爱的母亲。

李贝

2023 年 6 月